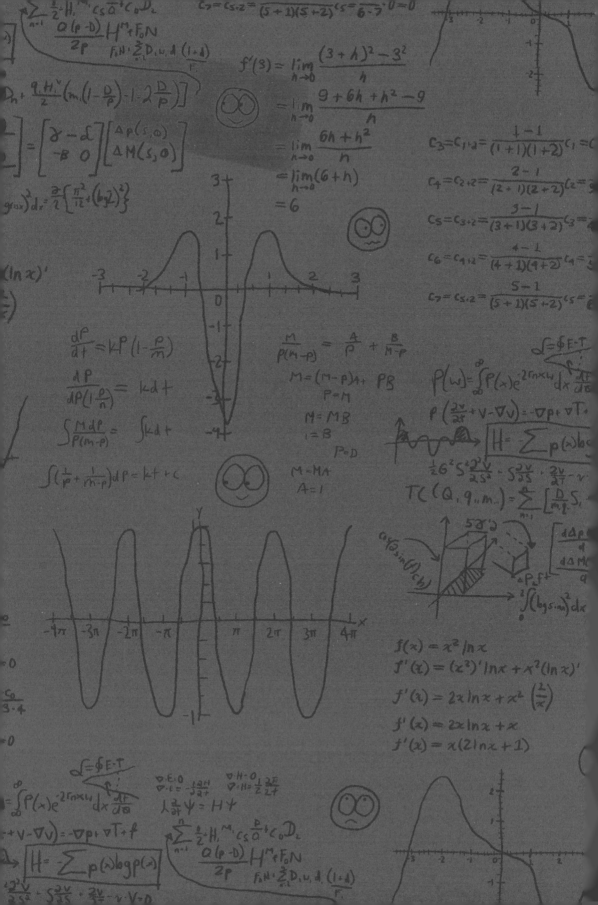

欢乐数学之

Change

Is

the

疯狂

Only

Constant

微积分

The Wisdom of Calculus in a Madcap World

一本充满
"烂插画"的
微积分原理启蒙书

〔美〕本·奥尔林 著

Ben Orlin

唐燕池 译

天津出版传媒集团

天津科学技术出版社

著作权合同登记号：图字 02-2022-186

Change is the Only Constant: The Wisdom of Calculus in a Madcap World
Copyright © 2019 by Ben Orlin
This edition published by arrangement with Black Dog & Leventhal, an
imprint of Perseus Books, LLC, a subsidiary of Hachette Book Group, Inc.,
New York, New York, USA. All rights reserved.
Simplified Chinese edition copyright © 2022 by United Sky (Beijing) New
Media Co.,Ltd. All rights reserved.

审图号：GS 京（2022）0598 号

图书在版编目（CIP）数据

欢乐数学之疯狂微积分 / (美) 本·奥尔林著；唐
燕池译. -- 天津：天津科学技术出版社，2022.10
（2022.12重印）
书名原文：Change Is the Only Constant: The
Wisdom of Calculus in a Madcap World
ISBN 978-7-5742-0480-5

Ⅰ. ①欢… Ⅱ. ①本… ②唐… Ⅲ. ①微积分－普及
读物 Ⅳ. ①O172-49

中国版本图书馆CIP数据核字(2022)第154805号

欢乐数学之疯狂微积分
HUANLE SHUXUE ZHI FENGKUANG WEIJIFEN
选题策划：联合天际·边建强
责任编辑：胡艳杰　王　绚

出　　版：天津出版传媒集团
　　　　　天津科学技术出版社
地　　址：天津市西康路35号
邮　　编：300051
电　　话：（022）23332695
网　　址：www.tjkjcbs.com.cn
发　　行：未读（天津）文化传媒有限公司
印　　刷：北京雅图新世纪印刷科技有限公司

关注未读好书

客服咨询

开本　710×1000　1/16　印张　21.5　字数　170 000
2022年12月第1版第2次印刷
定价：88.00元

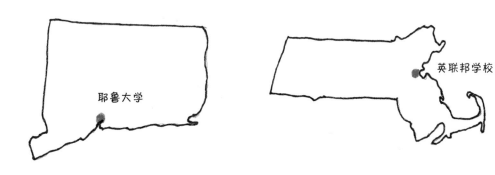

耶鲁大学

英联邦学校

谨以此书献给母校的老师和同学们

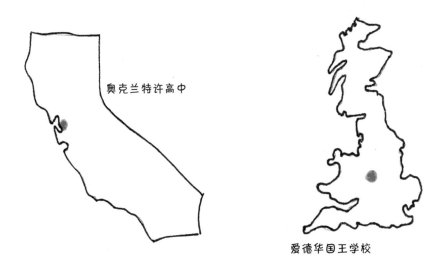

奥克兰特许高中

爱德华国王学校

注：本书地图系原书插附地图。

沉默片刻后，他开口问道："你对上帝的看法是从哪儿来的？"

我说："我曾一度寻找上帝，并不是为了验证某种神话，或是追寻什么神秘力量和魔法；而是因为我不确定上帝是否存在，想得到答案。那时的我觉得，上帝应当是一种任何人或任何事物都无法违抗的力量。"

"现在你认为这种力量是'改变'？"

"是的，改变。"

"可是，'改变'既不是神，也不是人，不是智慧，甚至不能被称为'一件事'。它只是——该怎么说呢——它只是一个概念而已。"

我露出微笑，就算它只是个"概念"，那又如何，会很糟吗？

——奥克塔维娅·E.巴特勒（Octavia E. Butler）

《播种者寓言》（*Parable of the Sower*）

目录

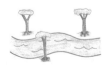

第 16 章　书中那些圆圆圈圈

——在这一章，

微积分被切成了黄瓜片

第 17 章　战争与和平，还有积分学

——在这一章，

微积分彻底改变了历史的走向

第 18 章　黎曼的城市天际线

——在这一章，

微积分是个城市规划师

第 19 章　一部伟大的微积分大全

——在这一章，

微积分举办了一场晚宴

第 20 章　积分号下的故事就留在
积分号下吧

——在这一章，

微积分得到了一个百宝箱

第 21 章　一挥笔就放弃了存在

——在这一章，

微积分抹去了 68% 的已知宇宙

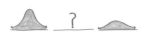

引言

大约在100万天以前，古希腊哲学家巴门尼德[①]说："存在者不是产生出来的，也不能被消灭，因为它是完全的、不动的、无止境的。"这是一种大胆的哲学理论。巴门尼德不承认分裂，不承认区别，不承认未来，也不承认过去。"它既非过去存在，亦非将来存在，因为它整个在现在，是个连续的一（one）。"他解释说。在巴门尼德看来，宇宙大概就像洛杉矶市区的交通：永远停滞不前。

在近100万天后的今天来看，这仍然是一个极为冒失的观点。

喂，巴门尼德，不论你如何擅长用诗歌和形容词来混淆视听、偷换概念，我们都不会上当的。100万天前，世界上还没有佛教徒、基督徒，也没

---

① 巴门尼德（Parmenides，约公元前515年—前5世纪中叶后），古希腊哲学家，爱利亚学派的实际创始人和主要代表者。——译者注（后文脚注如无特殊说明，均为译者注）

有伊斯兰教信仰者，因为那时佛陀、耶稣和穆罕默德都还没有出生。100 万天前，意大利人还不吃番茄酱，毕竟连"意大利"这个名词都还没有出现，而离那里最近的番茄地也在 6 000 英里[①]以外。100 万天前，整个地球上只有 5 000 万到 1 亿人；而现在，这个数字仅仅是每年迪士尼乐园的游客总量。

事实上，巴门尼德，今天只有两件事和 100 万天前是一样的：① 无处不在的变化；② 你的哲学理论是无可救药的谬误。

这是我在本书中最后一次提及巴门尼德（不过他那更聪明一些的弟子芝诺稍后会出现）——嗨，总算摆脱这个身穿长袍的怪老头了。现在，我们暂且略过与他同时代的赫拉克利特（那位说出"人不能两次踏入同一条河流"的智者），来到 17 世纪晚期，也就是 12 万或 13 万天之前。就在那时，一位名叫艾萨克·牛顿的科学家和一位名叫戈特弗里德·莱布尼茨的学者创造了本书的主角——一种全新的数学形式，一种关于变化的语言，以及一个对地球上的变化进行量化的尝试。

今天，我们称这种数学形式为"微积分"。

① 1 英里 ≈1.61 千米。

微积分的第一个工具是**导数**。导数是一种瞬时的变化速率，可以告诉我们某个物体在某一瞬间是如何变化的。比如苹果砸到牛顿脑袋的速度。在砸中脑袋的这一秒前，苹果的运动速度稍微减慢了一些；在这一秒后，它则朝着完全相反的方向运动——自然科学史也正是从这一瞬间开始改变了走向。不过呢，导数并不关心自己的前一秒或后一秒，它关心的只有当下的这一瞬间：一个无穷小的时间。

微积分的第二个工具是**积分**。积分是无数个碎片的总和，而其中的每个碎片都是无穷小的。想象一下这个画面：一系列的圆，每个都像影子一样薄，它们组合起来，就可以变成一个立体的物体——球体；或是一群人，每个人都如同微不足道的原子般渺小，但团结在一起，却能构成一个完整的文明；抑或是一连串的瞬间，每个瞬间本身都无限接近0秒，却能累积成一个小时，一万年，直至永恒。

每一个积分都为整体的形成做出了贡献，这里的整体指的是银河系中的任意一个物体——一个可以通过数学的全景镜头以某种方式捕捉到的物体。

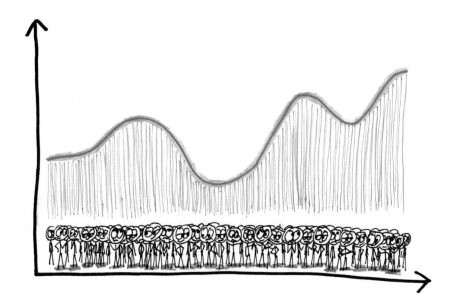

作为专业的技术工具，导数和积分早已声名远扬，但我相信它们能为我们做的不只是这些。我们就像一艘艘小船，遭受着风吹浪打，面临着汹涌波涛，而在我看来，导数和积分就像是可以随身携带的哲学：向航行在这湍急的世界河流中的我们伸出了桨。

所以，我将通过这本书，尝试从数学中提炼出人生智慧。

在本书上篇——**瞬间**，我们将探索导数的故事。每一个故事片段都是从潺潺的时间洪流中提取的一个瞬间，包括一毫米的月球轨道、一小口黄油吐司、一粒尘埃飘忽不定的运动，以及一只狗在一瞬间做出的决定……如果把导数比作显微镜，那么这里的每一个故事都是我精心挑选出来的载玻片——展现了一幅幅微型场景。

在本书下篇——**永恒**，我们将利用积分的力量，把无数的水滴汇聚成河流。我们会遇到一个由小碎片组成的圆圈、一支由无数士兵组成的军队、一道由无数建筑组成的天际线，以及一个由亿万颗恒星组成的宇宙……如果说积分是一部宽屏电影，那么这里的每个故事都是你必须去影院才能欣赏到的宏大史诗，而在家里的电视上根本无法感受到它的壮阔无垠。

不过，有件事我得先说清楚，你手中的这本书不会"教你微积分"。它不是一本循序渐进、深入浅出的教科书，而是一本用非技术语言写给普通读者的，形式不拘一格、插图水平一般的通俗读物。作为本书的读者，你可以对微积分一窍不通，也可以是微积分方面的专家，但无论如何，我都希望书中的故事能为你带来一些欢笑和见解。

我没办法在这本书里写完所有故事，例如费马的弯曲光线、牛顿留下的谜题、不存在的狄拉克函数……这些都没能收录进本书。不过，在这千变万化的世界里，本就没有一部作品能做到详尽无遗，也没有一个神话故事有真正的结局，毕竟，时间的洪流还在继续汹涌向前。

本·奥尔林

2018 年 12 月

改变的那一瞬间就是唯一的诗。

——艾德丽安·里奇

上篇　瞬间

沙子老弟，是哪个坏
蛋把你关在里面的？

你说话呀，
沙子。

第1个瞬间

时间说，还有一个受害者。

第1章

即逝的时间

亚罗米尔·赫拉迪克（Jaromir Hladik，博尔赫斯小说中的一个人物）写过几本书，但没有一本是让他满意的。其中有一本被他评价为"纯粹是应用的产物"，另一本他觉得"粗糙马虎、艰涩难读、充满揣测"，还有一本书里试图驳斥某个谬论，但其论据中的"谬误丝毫不比要驳斥的谬论少"。尽管我本人也写过一些像牙膏广告一样完美无瑕且妙趣横生的书，但还是能对他感同身受（尤其是赫拉迪克每天都要忍受的那一点点"伪善"）。阿根廷作家豪尔赫·路易斯·博尔赫斯告诉我们："如同所有的作家一样，他（赫拉迪克）拿别人已经完成的作品来评价别人的成就，但要求别人拿他构思或规划的作品来评价他自己。"[①]

因此赫拉迪克到底有什么规划？哎呀，他一定很高兴你问了这个问题：那部名为《仇敌》的诗体戏剧，绝对是他的杰作。这部作品将使他的遗物身价暴涨，让他的姐夫不再对他指指点点，甚至"从根本上救赎他生命的意义"——只要他能扫除写作的小障碍——你知道的，就是开始动笔。

不过，在这里我得道个歉，因为我们的故事至此发生了黑暗的转折。当时，在纳粹控制下的布拉格，身为犹太人的赫拉迪克被盖世太保逮捕了。经过例行公事的审判，他被判处了死刑。在行刑前夕，赫拉迪克向上帝祈祷：

---

① 引自博尔赫斯的《杜撰集》，上海译文出版社，王永年译，2015年6月。

如果我真的存在，如果我不是您创造出来的一个错误，而是以《仇敌》作者的身份存在，为了让这部戏剧得以问世——它能证明我的存在和您的存在——我还需要一年的时间。所以，万古长存的上帝，请赐予我一年的时间吧。

不眠之夜过去了，行刑的日子如期而至。接着，就在长官向行刑队厉声发出最后的命令的时候，就在赫拉迪克准备迎接死亡的时候，就在一切似乎都将无可挽回的时候……天地万物冻结了。

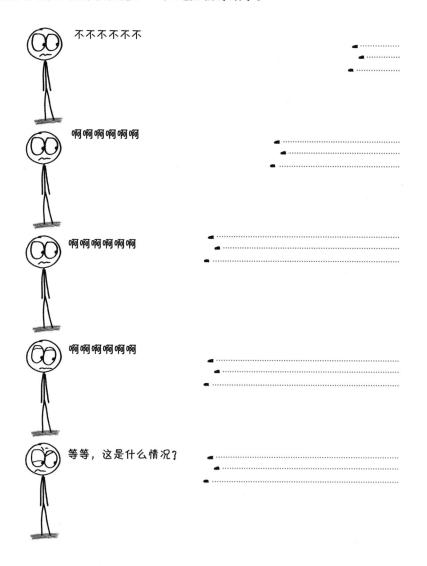

上帝秘密地赐予了赫拉迪克一个奇迹。这一瞬间——一滴雨顺着他的脸颊滚落，致命的子弹还在飞来的途中——被放大、拉长和膨胀了。整个世界都静止了，但他的思想没有停止。现在，赫拉迪克可以安心完成他的戏剧了，可以在脑海中创作和润色作品中的诗节。而这个被拉长的瞬间将持续整整一年。

在这个没人会羡慕的命运转折点，赫拉迪克收到了这样一份令所有人羡慕的礼物。

"每个艺术家的目标，"美国作家威廉·福克纳曾经写道，"都是通过人为手段让运动（或者说是生命）停下来，冻结。"牛顿曾写过对"时光流转"的感慨。中世纪的日晷上也写着："时间飞逝。"尽管我们的目的各不相同，但所有人——包括艺术家、科学家，甚至那些被我们称为"哲学家"的、油嘴滑舌但什么都不懂的人——都在追求同样不可能获得的奖赏。我们都想抓住时间，像赫拉迪克那样，把这独一无二的时刻握在手中。

唉，时间如白驹过隙，忽然而已。我想起了著名的"飞矢不动悖论"，这个悖论出自古希腊埃利亚的哲学家芝诺。

这个悖论是这样的：想象一支箭从空中飞过。现在，在你的脑海中，把这支箭冻结在某个瞬间，就像赫拉迪克的行刑队一样。这支箭还在动吗？当然不动了——冻结的意思就是定格，所以在任何给定的瞬间，箭都是静止的。但是，如果时间是由一个个瞬间构成的，而箭却没有在任何一个瞬间移动过……那么它到底是如何移动的呢？

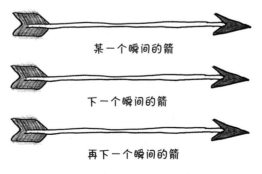

某一个瞬间的箭

下一个瞬间的箭

再下一个瞬间的箭

所以，箭到底是什么时候动的呢？

中国古代的哲学家们也玩过类似的思维游戏。"无厚不可积也,"有人写道,"其大千里。"在数学层面上,一个瞬间**是无量纲的**:它既没有长度,也没有持续时间,只持续了0秒。但是,因为0秒的2倍仍然是0,所以2个瞬间也等于0。以此类推,10个瞬间,1 000个瞬间,100万个瞬间……都是如此。事实上,任意数量的瞬间加起来都是0秒。

但是,如果"瞬间"在累积之后不能变成任何一段时间,那么"月""年"和"一场板球比赛的时间"又是从何而来的呢?无穷小的瞬间是如何构成无穷的时间线的呢?

弗吉尼亚·伍尔夫[①]曾指出,时间"让动物和蔬菜以惊人的准时程度成熟或开花和死亡或凋零"。然而,它"对人类思维的影响却没有这么简单。此外,人类的思维对时间本身也有着同样奇特的影响"。

在人类的历史中,我们追逐着一个个瞬间,同时也在尝试割裂时间。我们用沙漏和蜡烛时钟把一天分割成了24个小时。通过钟摆和擒纵机构,又把小时分割成"分钟"(英文"minute"的词源是"一小时中微小的一份"),再将分钟分割成秒(英文中"second"表示"二次"分割,即一分钟中微小的一份)。接下来,我们进一步把时间分割为毫秒($1/10^3$秒,是苍蝇扇动一次翅膀所需时间的一半)、微秒($1/10^6$秒,是一个刺眼的闪光灯的闪烁时

---

① 弗吉尼亚·伍尔夫(Virginia Woolf,1882—1941年),英国女作家、文学批评家和文学理论家,意识流文学代表人物。

时长	秒数	重要意义[1]
1分钟	60秒	超级英雄系列电影最长的上映间隔时间
1秒	呃……1	打一个喷嚏的时间，也就是打一千个喷嚏时间的0.1%
1毫秒	$\dfrac{1}{1\,000}$	人类注意力的平均持续时间
1微秒	$\dfrac{1}{1\,000\,000}$	即将让人失去耐心的视频缓冲时长
1纳秒	$\dfrac{1}{1\,000\,000\,000}$	狗子做出不再信任我的决定的时间
1普朗克时间	$\dfrac{1}{10^{43}}$	让我开始无法理解物理学家说的话，比如他们讨论的量子效应的时间
1瞬间	0	?!?!?!?!?!?!?!

① 此列多为作者夸张的调侃，别当真。

间）和纳秒（$1/10^9$秒，光在每一纳秒中可以传播1英尺[①]），甚至还有了皮秒（$1/10^{12}$秒）、飞秒（$1/10^{15}$秒）、阿托秒（$1/10^{18}$秒）、仄普托秒（$1/10^{21}$秒）和遥刻托秒（$1/10^{24}$秒）。再往下分割的时间就没有专门的名称了，大概是因为苏斯博士[②]想不出什么新名词了，但我们对时间的分割还在继续。最终，永恒被粉碎成"普朗克时间"，这个单位大约是1遥刻托秒的万亿分之一的十亿分之一，或者说是刚好能让光穿过一个质子的时间的1/100 000 000 000 000 000 000。对时间而言，这是终极的分割程度，没有任何仪器能超越它，再继续分割了：物理学家坚持认为，这是人类能够理解的范围内的（虽然早就超出了我本人的理解范围）宇宙中有意义的最小的时间单位。

因此，"一瞬间"到底在哪里？是在普朗克时间之后继续分割的某一小块吗？如果我们既不能将瞬间集合成时间的片段，也不能将时间的片段分割成一个个瞬间，那么这些看不见的、不可分割的东西到底是什么？当我在时钟嘀嗒嘀嗒走着的平凡世界里写这本书的时候，赫拉迪克是在怎样一个充满活力的异世界里写作的呢？

11世纪，数学首先给出了一个初步的答案。当欧洲的数学家们在绞尽脑汁地计算复活节的日期时，印度的天文学家正忙着预测日食——这对时间精确度的要求极高。天文学家们开始使用非常短暂的时间单位，直到过了快1 000年，世界上才出现可以测量它们的计时器。这个单位叫"truti"，1truti还不到三万分之一秒。

这些接近无穷小的时间为"tatkalika-gati"（瞬时运动），这一概念奠定了基础，并引起了人们的思考：在某一个瞬间，月亮移动的速度是多少？朝哪个方向？

那么，**下一个瞬间呢？**

好的，**现在呢？**

又过了一瞬间，所以**现在呢？**

---

① 1英尺≈30.48厘米。
② 苏斯博士（Dr. Seuss），美国著名的儿童文学家、教育学家。

如今，tatkalika-gati 有了一个更乏味的名字：导数。

想象一辆超速行驶的自行车，我们可以用导数表示其位置变化的速度有多快，即自行车在某一特定瞬间的速度。在下图中，自行车的速度就是曲线的坡度，曲线坡度越大意味着自行车速度越快，因此导数越大。

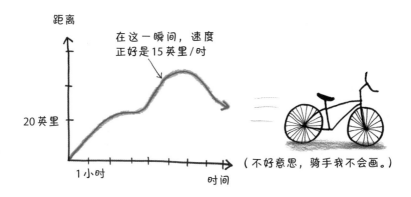

当然，在任何特定的瞬间，自行车都像芝诺的箭一样是静止不动的。因此，我们在求导数时，不能通过把时间定格来计算，而是要通过把时间放大来计算。首先，确定自行车在 10 秒内的平均速度；然后，尝试把时间段缩短到 1 秒；再然后，把时间段缩短到 0.1 秒，缩短到 0.01 秒，缩短到 0.001 秒……

以这种狡猾的方式，我们得以蹑手蹑脚地接近那个瞬间，越来越近，越来越近，直到一种规律变得清晰起来。

起始时间	结束时间	速度
12:00:00	12:00:10	39 英里 / 时
12:00:00	12:00:01	39.91 英里 / 时
12:00:00	12:00:00.1	39.98 英里 / 时
12:00:00	12:00:00.01	39.997 英里 / 时
正午时刻……		40 英里 / 时

　　再举一个例子，在一个剧烈的化学反应中，当两种化学物质的反应基团结合时，它们会形成新的化学物质——产物。导数能够用来衡量产物浓度增加的速度，即表示某一特定瞬间的反应速率。

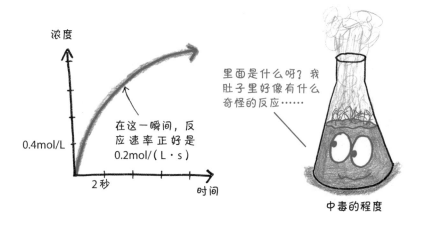

在这一瞬间，反应速率正好是 0.2mol/（L·s）

里面是什么呀？我肚子里好像有什么奇怪的反应……

中毒的程度

　　还有一个例子，在一个兔子泛滥的小岛上，可以用导数描述兔子数量变化的速度，也就是兔子数量在某一特定时刻的增长率。（对于这张图，我们得把问题简化，暂且接受用分数表示兔子的数量。）

　　奇妙的是，"导数"这个基本的数学概念正好与诗人的幻想不谋而合。它是一种"瞬时的变化"，是在一刹那捕捉到的运动，就像瓶中的闪电一样。它否定了芝诺的理论，芝诺认为任何事情都不可能在一瞬间发生；这也是为赫拉迪克进行的辩护，赫拉迪克认为任何事情都可能在一瞬间发生。

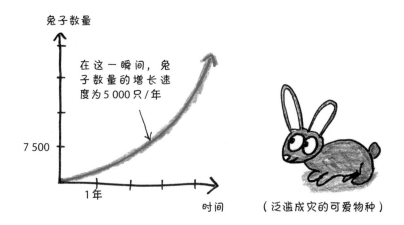

在这一瞬间，兔子数量的增长速度为 5 000 只 / 年

（泛滥成灾的可爱物种）

到这里，也许你已经猜到了赫拉迪克故事的结局，他用12个月的时间完成了自己的剧本。这个故事的作者博尔赫斯告诉我们，赫拉迪克不是"为子孙后代"而写，"也不是为上帝而写，毕竟他对上帝的文学喜好知之甚少"。相反，他为自己而写作，他的写作是为了满足托马斯·沃尔夫[①]所认为的艺术家永远的渴望：

> 想要以一种坚不可摧的形式永恒定格人类生命的一个个瞬间，那些瞬间展现了生命的璀璨、激情和无以言表的才情，它们总会消逝、会被磨灭，会和时间的沙砾一起从我们的指间滑落，从我们绝望的手中溜走，如同奔流的江河，永远无法被抓住。

赫拉迪克控制住了这条河流。就算没有人会读《仇敌》，或者子弹很快就会继续前进，将他击倒。一切都无关紧要了。重要的是，他已经完成了自己的作品，这本书将永远存在，而自这一瞬间起，该作品就实现了它自己的一种永恒。

---

① 托马斯·沃尔夫（Thomas Wolfe，1900—1938年），20世纪美国作家。代表作有长篇小说《天使，望故乡》。

第2个瞬间

在牛顿眼中，月亮可以是苹果，苹果也可以是月亮。

第2章

不断坠落的月亮

童年时的牛顿是个充满好奇心的孩子。这里说的"好奇",既指他"热衷于追求知识",也指他"像个怪胎"。据说,牛顿总是沉浸在书里,连饭都忘了吃,他养的宠物猫还因为总吃他的饭而长胖了。还有他对光学的第一次探索:你应该没见过一个孩子出于好奇,不惜冒着戳瞎自己的风险去探索真理吧?牛顿在日记中写道:"我找来一根又粗又钝的针,把它戳进眼窝,让其尽可能地靠近眼球后部的骨头,同时按压眼球……这样就出现了几个白色、黑色和彩色的光圈。"(危险动作,不要尝试。)

这大概算得上是牛顿的黑历史了吧。不过,如今很少有人知道牛顿曾是个养了一只肥猫的自残少年,大部分人记得的都是他的脑袋被树上掉下来的苹果砸中。

事实上，"被苹果砸到脑袋"的桥段也经过了后人的添油加醋。正如牛顿爵士自己所说的那样，当时他只是瞥了一眼正在坠落的苹果，就让他思维里的时钟发生了历史性的变化。"当他独自坐在花园里时，"牛顿的好友亨利·彭伯顿（Henry Pemberton）回忆道，"他开始思索万有引力的力量。"苹果的坠落引发了牛顿的思考：无论我们爬得多高——屋顶、树梢或山顶上——引力都不会减小。用爱因斯坦的话来说，这就是"幽灵般的超距作用"。地球似乎能够吸引各种物体，无论它们距离地面有多远。

这个充满好奇心的年轻人开始了进一步的探索（谢天谢地，这次他没再用针戳自己，只是用脑子思考）。他在想：如果引力能够到达比山顶**更高的地方**，那会发生什么呢？如果引力的牵引作用向上延伸得比我们想象的更远，又会发生什么呢？

它是不是可以一直延伸到月球？

亚里士多德是绝不会相信这一切的。在他看来，日落月升，天体的运动遵循着完美的模式，日复一日地进行交响乐般的循环，就像我岳父家举办的晚宴一样井然有序。相较之下，地球上的生活则是乱糟糟的，毫无章法，就像我组织的晚宴一样。这两个截然不同的世界怎么可能遵循同样的规律呢？到底是哪个戳自己眼睛的疯子敢把大地和天体混为一谈？

1666年的春天，那个23岁的"疯子"正在母亲花园的树荫下休息。忽然，他看到一个苹果从树上掉了下来，灵光一现，他开始想象第二个苹果掉下来的画面——这个苹果像月亮一样遥远。这是麦金托什苹果[①]的一小步，水果类的一大步。

牛顿知道月球和地球之间的大概距离：假设地球表面距离其中心（也就是地球的半径）是1个单位，那么月球距离地心就是60个单位。

在如此遥远的距离下，引力会如何作用呢？

---

① 一种生长在美国北部和加拿大的苹果。

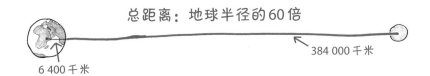

总距离：地球半径的60倍

384 000 千米

6 400 千米

针对这个问题，即使是最高的山也无法为我们提供任何线索。与月球比起来，珠穆朗玛峰的顶峰还是在地球的表面，所以从宇宙的维度来看，它与地面的距离不过是一根发丝的宽度，实在不值一提。但是，在这个人类对世界的认知所产生的巨大且与历史事实稍有不符（毕竟，苹果没有真的砸中牛顿的脑袋）的飞跃中，我们暂且假设引力会随着距离的变大而衰减。也就是说，当你走得越远，引力的力量就越弱——牛顿著名的"平方反比定律"。

在2倍距离处，引力是原来的1/4。

在3倍距离处，引力是原来的1/9。

在10倍距离处，引力只有原来的1/100。

再来看看我们勇敢的"太空苹果"——月球，由于它与地心的距离是那些胆小如鼠的果园苹果与地心距离的60倍，因此只能感受到1/3 600的引力。如果你对1/3 600没什么概念，那就让我来解释一下：当用1除以3 600之后，它会变小很多很多。

把一个苹果从距离地球表面不远的高处抛出，它会在第一秒内下落4.9米，大概有二层楼那么高。

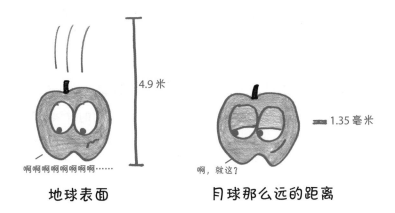

4.9 米

啊啊啊啊啊啊啊啊……

地球表面

1.35 毫米

啊，就这？

月球那么远的距离

　　而如果把我们的"太空苹果"从月球所在的高度扔下，在第一秒内，它只会下落1毫米多一点，大约是一张信用卡的厚度。

　　当时，关于月球围绕地球公转的原因仍是一个公认的谜，不过笛卡尔的涡旋理论占据了主导地位。在涡旋理论中，所有的天体都沿着涡旋粒子带动的路径移动，就像浴缸里的玩具绕着排水口旋转一样。然而，那是一个科学理论日新月异的时代："牛顿奇迹年"到来了，这个"奇迹年"持续了大约18个月。在这段孤独的日子里，牛顿待在他母亲位于英国伍尔斯索普的小屋里，等待着肆虐伦敦的瘟疫结束。其间，他发展出了开创现代数学和科学的思想，阐明了牛顿运动定律，并在保证自己的眼睛不再被戳伤的前提下，使用三棱镜破解了七色光的奥秘，还创立了微积分。

　　在这个过程中，牛顿以掷苹果的方式推翻了笛卡尔的涡旋理论。

　　正如牛顿的前辈、领路人伽利略所了解的那样，物体在水平方向上的运动并不会影响它在垂直方向上的运动。从高处抛掷一个苹果的同时，将另一个与其完全相同的苹果从同一高度横向扔出去，这两个苹果会同时落地。就算两个苹果在水平方向上的运动轨迹不同，它们的垂直运动还是会服从于同一个独裁者：引力。

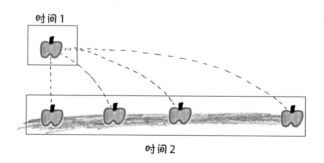

　　现在，我们把苹果带到一个高高的山顶上，以超人的速度用力扔出去。恭喜你：你已经迈入了牛顿的旷世巨作《自然哲学的数学原理》（The Principia）中的一幅著名图表，它阐释了物体在高速下落过程中奇特的物理学原理。

　　在这里，由于地球曲率的存在，垂直方向和水平方向的区别消失了，

前一刻的"水平方向"就是下一刻的"垂直方向"，而且投掷的力气越大，
下落的时间越长。

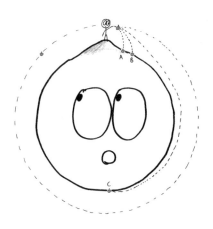

像棒球大联盟的投手那样用力地把苹果扔出去——苹果在落地之前会
移动一段距离，最终可能到达 A 点或 B 点。

像波士顿红袜队的投手把球扔向纽约洋基队球员那样**狠狠地**把苹果扔
出去——水平运动可以把苹果带离地球一段时间，从而延长了下落的时间，
也许它能够一直坚持到 C 点。

像打了鸡血的亨利 - 罗恩加特纳（Henry-Rowengartner）[①]那样**使出吃奶
的力气**把苹果扔出去——苹果飞离地球的速度实在太快了，快到每一瞬间
的下落都只是让它恢复到原来的高度。就这样，苹果可以一直飞下去。

而苹果在飞行时的所谓"运动轨道"只是一个不断下降的过程，并不
需要笛卡尔的涡旋。

这个推论对我们勇敢的"太空苹果"来说有什么意义呢？其实，这就
是微积分。如果我们考虑一个几乎无穷小的瞬间（以 1 秒为例）的月球运动
轨迹，在这么短的时间内，由于轨道弯曲的弧度很小，所以这一小段轨道
和一条线段无异（长度也几乎相等）。

———————————

① 天才棒球投手。

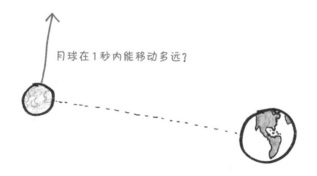

以下是：如果没有引力的作用，苹果会掉落的距离。

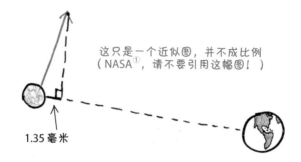

接下来呢，牛顿进行了一个漂亮的几何论证。现在我们创建一个小的直角三角形[2]。因为我们想知道它的斜边（也就是三角形最长的边）边长，所以把它嵌入一个等比例放大的相似三角形中：

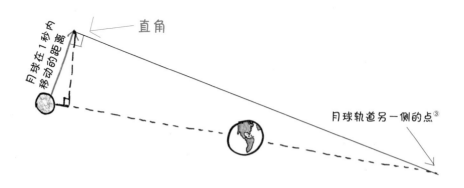

---

① 美国国家航空航天局，简称NASA。

② 短的直角边是"如果没有引力的作用，苹果会掉落的距离"。

③ 其与月球的连线正好穿过地心，因此这一长度可以看作月球轨道直径的近似值。

因为这两个三角形的形状相同，是相似三角形，所以它们的短直角边和长直角边之间的比例也一样：

$$\frac{1.35\ \text{毫米}}{\text{月球在1秒内移动的距离}} = \frac{\text{月球在1秒内移动的距离}}{781\ 542\ \text{千米}^{①}}$$

解此方程得：

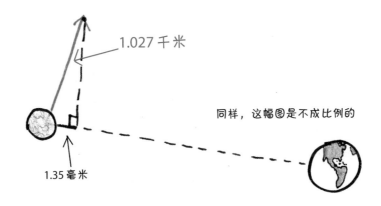

1.027 千米

同样，这幅图是不成比例的

1.35 毫米

你可能还记得，我们的"太空苹果"在竖直方向上的降落速度约为1毫米/秒，这太慢了，大约是树懒地面行进速度的3%。然而，从以上计算结果来看，为了让这个"太空苹果"始终保持在轨道上，我们必须让它以大约1千米/秒的速度——这个速度大约是声速的3倍——在水平方向上运动。

这个简单粗暴又离奇的结论让我非常震惊，这看起来太令人难以置信了。月球，像被抛出的苹果一样在不断坠落？牛顿爵士不会是在开玩笑吧？有什么**证据**能证实这个古怪的思维实验呢？

好吧，他还真有，那就是月球绕地球一周所需的时间。要绕地球一周，月球必须走完一段长约250万千米的路程。那么，如此遥远的距离，以1千米/秒的速度移动，需要多长时间呢？

---

① 781 542千米为月球轨道直径的近似值。

$$2\ 390\ 737\ 秒 \approx 27.7\ 天$$

哈，看哪！我们的计算结果与月球轨道的实际长度相当（误差不到0.7%）。这个数字出人意料地证实了牛顿的理论：月球真的就像一个巨大的红苹果一样在不断坠落。正如传记作家詹姆斯·格莱克所说：

> 就苹果本身而言，它其实什么也不是。在这个故事里，它是月亮顽皮的双胞胎兄弟，二者缺一不可……苹果和月亮这对双胞胎是一个巧合，概括了从近到远的规律，跨越了从普通到庞大的世界。

只要别硬说定义"友谊"和发明"紫色"的人是牛顿，我们再怎么赞美牛顿爵士的理论对科学的影响都不为过。它确定了一种可以同时统治天上地下的宇宙力量，建立了了解现实的现代视角——力学世界，这是一个如钟表般的宇宙，并随着时间的推移，遵循着明确而牢不可破的法则。

法国学者皮埃尔－西蒙·拉普拉斯（Pierre-Simon Laplace）这样评价牛顿的理论："试想一下，有这样一位伟大的智者，他知道每一个物体的位置和每一个力的大小。嗯，他什么都知道。对他而言，没有什么是不确定的，未来就像过去一样，清晰地呈现在他眼前。"

整个世界就是一个微分方程，男人和女人不过是其中的变量而已。

不过，并不是所有人都赞同牛顿的观点。诗人威廉·布莱克（William Blake）直言不讳地说："科学就是死亡之树。"作家艾伦·摩尔（Alan Moore）对此解释道："在布莱克看来，牛顿思想的边界就是冰冷、僵硬的参数，将所有人类都囚禁在内心的地牢中。"

这话说得还挺重的。

不过即便如此，牛顿还是拥有一大批文学界的捍卫者。其中勇夺第一的是亚历山大·蒲柏（Alexander Pope），他在为牛顿写的墓志铭中说："自然与自然的法则隐藏在黑夜中，上帝说：'让牛顿去吧！'于是一切都被照亮了。"还有威廉·华兹华斯（William Wordsworth），他在诗中这样赞美牛顿："一个灵魂，永远孤独地航行在陌生的思想海洋中。"牛顿最狂热的拥护者是哲学家兼科学迷伏尔泰，他称牛顿为"创造性的灵魂本身""我们的哥伦布"和（可能有些过火了的）"我甘愿为之牺牲的神"。伏尔泰给我们带来了历史上对微积分最富有诗意的描述之一，即"精确地计算和度量某种无从想象其存在的事物的艺术"，以及广为流传的苹果故事，他还将苹果故事置于牛顿智慧之旅的核心位置。

　　这样看来，扑朔迷离的苹果传说还有几分可信度呢。

如果你想赌赢这一局，那你最好打电话给你的赌注登记人。我是个疯子，是个爵士，也是个传奇，有很多有趣的奇闻。

作为一个演独角戏的天才，我不需要彩排，因为我的名声就像我的万有引力定律一样：普遍适用。

　　"这个故事当然是真实的，"英国皇家学会的档案主管基思·摩尔（Keith Moore）说，"但我们得说，随着人们的讲述，它变得越来越吸引人了。"就牛顿本人而言，他可能也夸大了这一奇闻，而不是更为诚实地描述科学真实发展过程中的起起落落。毕竟，后来他又花了15年的时间来完善自己的理论，并借鉴了伽利略、欧几里得、笛卡尔、沃利斯、胡克、惠更斯和无数其他人的成果。科学的理论不是灵光一现就能站得住脚的，它们有根，也需要成长。在花园里看到苹果落下的那一刻，我们并没有完全理解牛顿的万有引力定律——它只是让我们第一次瞥见了阳光下的幼苗。

① 这一段改编自霍普金斯的诗歌《春天与秋天》（"Spring and Fall"）。

第3个瞬间

向杰拉德·曼利·霍普金斯致以诚挚的歉意。

第3章

黄油吐司：昙花一现的幸福感

我搬到英格兰后，在第一次走进一所有着462年历史的私立学校教书时，我简直不敢相信自己竟能拥有这样的好运气。因为每天上午的课间休息时间，老师们都可以到教师休息室里享用茶和烤吐司。说实话，仅是"教师休息室"和"休息时间"这两个概念就已经让这所学校把我的老东家远远甩在了身后。万万没想到，我在这儿还能每天享受如此盛宴，这难道不是霍格沃茨魔法学校里的梦幻写意生活？当时的我对新同事说："我一定会永远珍惜这里的一切美好事物，绝不会对它们习以为常的！"不过打脸来得有点快，我现在已经对它们习以为常了。

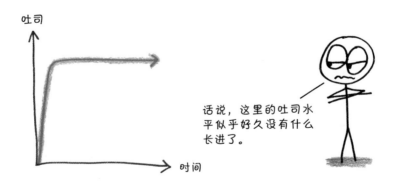

吐司

时间

话说，这里的吐司水平似乎好久没有什么长进了。

心理学家称这个过程为"习惯化"。意思就是，我的视力和恐龙的一样好：能敏锐地捕捉到任何移动的东西，但对静物却视而不见，即便它是涂了黄油的吐司。也许进化心理学可以解释这一现象，又或者我就是一只忘恩负义的虱子，但不管怎样，你都可以用数学方法来描述习惯化。同样，我们逐渐习惯了函数——即便函数是一个伟大的发明，但要不了多久，它会需要一个导数（一个非零的变化率）来吸引我们的注意力。毕竟只有更新的事物才能吸引我们的眼球。

一天，我捧着一杯新沏的茶，嚼着一片小麦吐司（呃，**我还以为自己拿的是白吐司**），然后一屁股坐到沙发上，旁边是我的朋友、英语老师詹姆斯。"最近怎么样？"我和他寒暄道。

詹姆斯对待任何事物的态度都是绝对认真和诚恳的，对这个简单的问题也是如此。

"这个星期我过得很开心，"他回答道，"尽管有些事情还是比较艰难，但情况正在好转。"

不得不承认，我首先是一名数学老师，其次才是一个人，因为我是这样回应他的："所以，你幸福感的函数值目前不算高，还在中间位置，但它的一阶导数是正的。"

面对我这无厘头的回答，按理来说，詹姆斯应该一把拍掉我手上的烤吐司，将他的茶浇在我头上，然后大喊："**你这个疯子，咱俩绝交！**"但他并没有这么做。他竟然微笑着，凑上前来，说道（我发誓他真的是这么说的）："哇，好有趣，能解释一下你说的这些是什么意思吗？"

"没问题，"我开始给他上课，"想象一个你的幸福感随着时间推移而变化的函数图，你的幸福感正处于中等的高度，但此时此刻，它还在上升，所以目前导数是正的。"

"我明白了，"他说，"那么，如果导数是负的，是不是就意味着情况变得更糟了？"

我含糊地回答："嗯，也可以这么说吧。"我，模仿的是数学家们所钟爱的（或者冒着被骂的风险还要）故弄玄虚的说话方式。负导数的确意味着数值在下降，但对某些函数来说，比如个人债务的函数或身体疼痛的函数，你可能更希望导数为负。不过，就幸福感而言，负导数的确是件坏事。

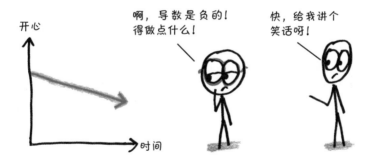

这就是微积分学的第一堂课。不过大多数学生不是通过心理学中模糊的"幸福感"函数，而是通过物理学中非常明确的"位置"函数来了解微积分的这些概念的。例如，假设用 p 表示骑自行车的人在自行车道上的位置：起点处，$p = 0$；半英里后，$p = 2\,640$ 英尺。

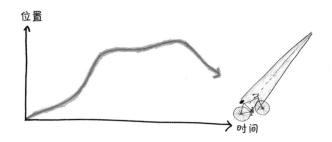

这里的导数是什么？就是 p 在一个特定时刻的变化速度。我们称它为 p'（发音为 "p 撇"），或者（更形象的说法是）"速度"。

一个较大的 p' 值，比如说每秒 44 英尺，意味着位置变化很快，自行车在高速移动。一个较小的 p' 值，比如每秒 2 英尺，表示自行车在低速行进。如果 $p' = 0$，则表示位置没有发生变化，自行车是静止的。如果 p' 是负的，则意味着自行车在朝相反的方向移动，也就是骑自行车的人掉了头。

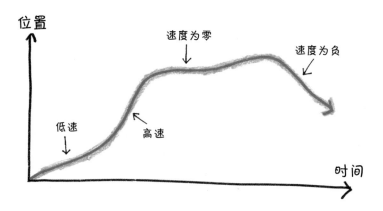

从原来的位置 - 时间函数图中（每个时间点对应一个位置），我们可以"导出"一个全新的函数：速度 - 时间函数（每个时间点对应一个速度）。这就是"导数"一词的起源：推导、衍生而来的数值。

可怜的詹姆斯费劲地理解着微积分的知识，就像在研究什么用外星文写的诗歌一样。作为一名英语教师，他是研究语言和运用语言表达人类经验的专家，但现在他似乎找到了枯燥的导数语言和人类语言之间的相通性，并将前者理解为一种笨拙的文学翻译形式。

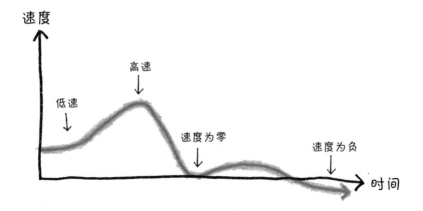

"再深一点的微积分知识就是二阶导数了。"我说。

詹姆斯郑重其事地点了点头："继续教我。"

"二阶导数是导数的导数，所以它告诉我们的是变化率是如何变化的。"

詹姆斯皱起了眉头，原因不难理解：他认为我在胡说八道。

我试着换一个角度来解释："假设导数是你幸福感提升的速度。那么二阶导数研究的问题就是你幸福感的提升速度是变得越来越快，还是越来越慢。"

"嗯。"詹姆斯揉了揉下巴，"对我来说，应该是越来越快。所以我的二阶导数是正的，对吧？"

"没错！"

"如果我幸福感提升的速度放缓了，"他继续说，"那么一阶导数仍为正，但二阶导数为负。"

"是的。"

"这玩意儿还不错，"詹姆斯说，"我应该把导数和二阶导数的概念教给我所有的朋友。当他们问我最近过得怎么样时，我只要提供几个数字就能准确地表达自己的情绪状态。"

"比如你可以跟他们说，h 为正，h' 为负，但是 h'' 为正？"

"等等，你得给我点时间理解一下。"詹姆斯听完我说的这一连串像是用某种简洁而原始的语言记录下来的谜题后，说，"这意味着……我感到很幸福……但是我的幸福感正在下降……同时我幸福感下降的速度在放慢，对吗？"

"没错。"

在捕捉情感的细微差别方面，这种语言可能显得比较生硬或粗糙，比

如它会毫无感情地评价"这是个幸福的人"或"那是个不幸的人"。但就像所有的导数一样，这是一种物理上的隐喻，即将情绪变化与空间位置变化进行类比。

　　正如我们从自行车上看到的，位置的导数是速度，那速度的导数呢？是加速度（也称p''，或p的二阶导数）。

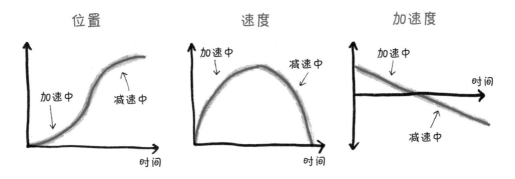

　　导数和二阶导数所给出的信息是不同的。如果你难以理解这种不同，就想象一下火箭起飞的那一段时间，宇航员的脸被向下压得都变形了，那模样和一块果冻差不多——这时他们的速度还不算太快，但速度变化非常快，因此加速度很大。

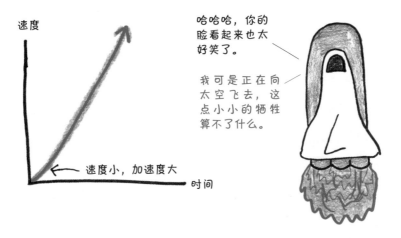

　　再举一个情况完全相反的例子。比如一架高速飞行的巡航飞机，它的速度很大，但由于是匀速行驶，所以加速度是零。

　　（正如这些例子所说明的，速度对我们的身体影响不大。造成生物力学差异——使我们感到压力、恶心、困惑和兴奋——的是加速度，因为它与作用在我们身上的外力是相对应的。）

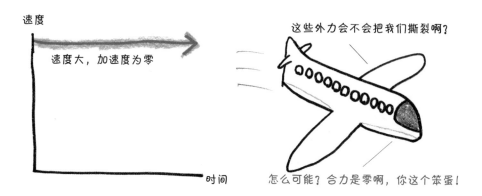

美国诗人罗伯特·弗罗斯特（Robert Frost）曾写道："诗歌始于琐碎的隐喻。人类所拥有的最深刻的思想正是从美丽、优雅的隐喻发展而来。"我不确定弗罗斯特在导数中发现多少诗意——它们直接的无可救药，每次只说一件事，而且措辞优美——但其中孕育着无数的隐喻。正如速度能告诉我们位置的变化量，加速度能告诉我们速度的变化量，合适的导数也能告诉我们幸福感的变化量。

　　詹姆斯本人毕竟不是隐喻大师，他有了疑问，则会开口问："那三阶导数呢？"

　　在物理学中，三阶导数（p'''，或称 p 三撇）被称为"**加加速度**"（jerk），指的是加速度的变化，也就是说，作用在物体上的力的变化。试着想一下司机猛踩刹车的那一瞬间，火箭发射的那一瞬间，或者拳头打在脸上的那一微秒。没错，正是力的变化带来了加速度的变化。

　　我从没教过学生加加速度的相关知识。而三阶导数非常复杂。18世纪的哲学家乔治·贝克莱（George Berkeley）用牛顿介绍导数时故弄玄虚的风格写道："当然，我想，能消化得了二阶或三阶流数（与今天导数的含义一致）的人，是不会因吞食了神学论点就要呕吐的。"

"这确实有点难理解，"我提醒詹姆斯，"物理上的解释是相当微妙的。"

但在之前的这五分钟里，我已经有了一个粉丝，也可以说是一个狂热的信徒。"别放弃啊！"詹姆斯激动地说道，"三阶导数有什么难的，它就是我的幸福感变化速度的变化量。"他忍不住提高的音量，让办公室里的其他同事都朝这边投来了关切的目光。"你别劝我了，我一定要学会所有的导数！我要用无数的数字描述我的幸福感是如何变化的，变化是如何变化的，变化的变化又是如何变化的……然后我的朋友们就可以知道我的感受，而我再不用多解释一个字了。"

"你这么说倒也没错，"我说，"事实上，如果他们精确地知道你此刻的快乐是如何演变的——这是一条无穷的导数链——那么他们就可以无限期地预测你未来的情绪状态。如果有足够的导数，他们就可以推断出你一生的幸福历程。"

"不，比这更好的是，"詹姆斯大笑着拍起了手，"我以后再也不用和我的朋友们说话了！"

我开始有些担心了，问道："这不会对你的幸福感产生负面影响吗？"

詹姆斯驳回了我的这一担心，回答道："没事，我把这个因素也加入导数中，他们会明白的。"

这时，上课铃响了。虽说这所学校可谓"老师们的天堂"，但你也得时不时地回到教室给学生上课。我把茶杯放在桌子上，然后快步走进了属于我的那间教室。我想我应该对莎拉（那个为我们端来黄油吐司和收拾餐具的女人）说声谢谢，但我知道，作为一个对美好事物容易习以为常的怪物，我总有忘记的时候。

放声歌唱吧，缪斯。请你唱出"无穷小"的成长经历，曾经何时，它对所有人都胡搅蛮缠，直到微积分宝宝呱呱坠地，终于治愈了它的愤世嫉俗。

第4个瞬间

戈特弗里德·莱布尼茨讲述了自己的传奇故事。

第4章

全世界通用的语言

我一直都热衷于创造一些数学名词。成不成功另说吧，但至少我总是跃跃欲试。不过现实总是残酷的，时至今日，我创造的"抵消乐"（canceltharsis，用于描述成功在等式两边消去一个相同项带来的满足感）和"代数怒"（algebrage，用于描述因为一个小小的代数错误而耗费好几个小时的愤怒）还没有真正流行起来。唉，这也从另一个角度说明了戈特弗里德·莱布尼茨的成就确实远在我之上，因为他创造了很多数学名词，比如：

· 常数，用于表示一个不变的量；

· 变量，用于表示一个数量；

· 函数，用于表示输入数和输出数之间的关联规则；

· 导数，用于表示瞬时变化率；

· 微积分，用于表示一个运算体系，例如莱布尼茨所创立的计算体系。

不仅如此，他还创造了很多后来广为流传的数学符号，例如，用"≅"表示全等，用"="表示比例，用"( )"表示运算时的优先顺序。众所周知，我们现在所用的数学表达方式都构建在莱布尼茨于17世纪开辟的大道上。然而，即便如此，以上的所有这些和他最伟大的贡献相比，也不过是个脚注而已。

没错，我说的正是字母"d"。

　　这一贡献听起来极为小儿科，简直是数学界的《芝麻街》^①水平。伟大的数学家迈克尔·阿蒂亚爵士（Sir Michael Atiyah）曾在2017年这样打趣道："莱布尼茨所做的贡献，不过就是把d排在了x前面，显然，你也可以通过这种方式让自己名声大噪。"

　　实事求是地说，人类在数学符号上的突破在后人看来总是平平无奇的。你有没有感谢过罗伯特·雷科德（Robert Recorde）？由于他发明了等号"="，我们不必再在数学表达中一遍又一遍地重复"等于"这个词。而发明数学符号的初衷就是让人们能简洁地将思想投射于纸上。当这些符号如此自然而流畅地跃然纸上时，你往往会忘记它们都是由人精心创造和挑选出来的。喂，别搞错了：数学符号可不是什么自然的产物，它是一项了不起的技术壮举，是大脑通过其他方式的延伸，就像机械手一样怪异，但影响深远。

　　纵观历史，没有人能像莱布尼茨那样，创造出如此清晰又生动的符号。"我怀疑莱布尼茨在数学上的成功，"计算机科学家斯蒂芬·沃尔夫拉姆（Stephen Wolfram）说，"在很大程度上归功于他对符号的投入。"

　　莱布尼茨出生于1646年，比牛顿小几岁。他既是一位哲学家，又是一个社会名流。肖像画中的莱布尼茨常常戴着彰显其尊贵身份的巨型假发，而"创立微积分"仅仅是他极为华丽的履历中的内容之一。莱布尼茨还是欧洲顶尖的地质学家，中国文化及棘手的法律案例方面的专家，一言以蔽之，他是欧洲最卓越的科学家之一。一位雇过莱布尼茨的王室成员曾感叹着称他为"我的活字典"。在莱布尼茨的一生中，他给1 000多名学者写了15 000封信。

　　他十分关心读者们是否能理解信中的内容。不像牛顿故意将《原理》写得晦涩难懂，莱布尼茨相当重视清晰的沟通。因此，在发展微积分的概念时，他会注意给它们穿上漂亮而合身的符号外衣。

　　例如，d这类符号。

　　在数学中，Δ（希腊字母"delta"）代表变化。设想一个摘自今天早上新闻头条的例子，而这件事在六个月前是闻所未闻的，那就是我去跑步啦。

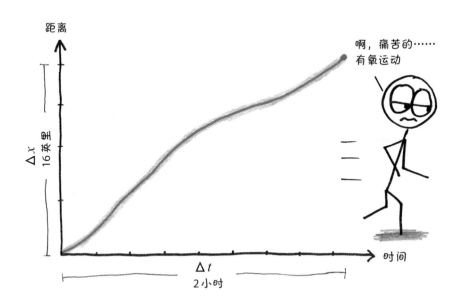

　　假设x是我离家的距离，那么Δx就是这个距离内的一小段变化量，比如说16英里（因为这是我的书，所以我吹个牛也没太大关系吧）。

现在，如果 t 是时间，那么 Δt 就是我跑步期间的某个时间段——让我们假设其为2个小时（嘿，因为这个数算起来更简单，不过这样看起来我就变成一个飞人了）。

那我跑步的速度是多少呢？显然，在计算任何变化速率的时候，我们都要用到除法。这里是用 Δx 除以 Δt，得到的速度为8英里/时。

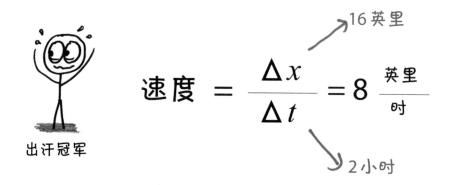

好了，我再问你，我下午1点时的跑步速度是多少？你可能还记得，导数表示的是瞬时变化率。它所分析的不是2小时的悠闲时间，而是将时间段无限放大，再聚焦于其中一个时间点，从而得到一个瞬时的定格画面。

不过，这就带来了一个问题，即在这个无穷小的瞬间里，既没有时间的流逝，也没有距离的变化，Δx 和 Δt 均为零。而用0除以0是无法给出一个有意义的答案的。

噔噔噔，莱布尼茨的新符号登场了。现在，我们先放下 Δx 和 Δt，来看看 dx 和 dt，它们分别是位置和时间的无穷小增量。

在这里，莱布尼茨赋予导数的符号是：$\dfrac{dx}{dt}$。

此处有一个"陷阱"：dx 和 dt 并不是实际存在的数字，你没法真正地用它们进行除法运算。这两个符号另有深意，它们更像一个类比，也可以说像变魔术时的一个障眼法，而这正是符号的意义如此重要的原因。哈佛大学的数学家巴里·马祖尔（Barry Mazur）将莱布尼茨的导数比作来自中文等语言的半象形文字：它不是一个随意的符号，而是对概念本质的一个小

普通时间段的表示方式　　　　**一瞬间的表示方式**

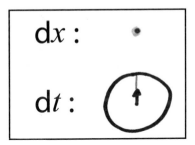

小的提示性说明。他将导数列为自己"最喜欢的数学术语"之一，原因是"只要看一眼，它的意思便不言而喻"。

我必须承认，在学生时代，我更喜欢受牛顿影响的符号（这样的符号我们在第3章中见过）。对我来说，关于 $\dfrac{dx}{dt}$ 的一切感觉既混乱又复杂，而且最糟糕的是其中的陷阱：一个不算真正分数的分数。

然而，随着时间的推移，我逐渐意识到莱布尼茨符号中"d"所具有的神秘力量：它太灵活了。普通的符号往往只能容纳单一的输入变量（通常是时间），而莱布尼茨的符号的容纳范围要广泛得多，让我们能在复杂的运算芭蕾舞中编排大量的变量。

想看看吗？那就跟着我一起走进经济学课堂，或者更有趣的叫法，一个玩具公司的会议室。

我们这家公司生产的产品是泰迪熊玩偶，获利的方式是以特定价格（p）卖出特定数量（q）的泰迪熊。如果我们将价格提高一点，会发生什么呢？笼统地说，泰迪熊的销量会减少，但更准确的答案要用导数来表示，即 $\dfrac{dq}{dp}$，这是销量关于价格的瞬时变化率。

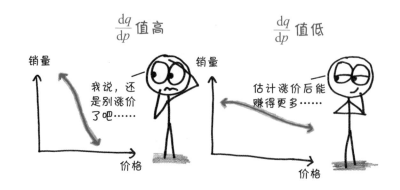

另外，q 的值不只取决于 p 的值。假设我们花 a 美元来做电视广告。在这种情况下，利用 $\frac{\mathrm{d}q}{\mathrm{d}a}$ 就可以算出额外的广告费对销售的边际效用。

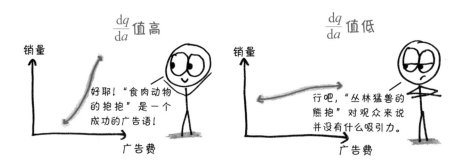

不过，如果我们做的广告比较多，可能就需要提高泰迪熊的价格了。这意味着要考虑 $\frac{\mathrm{d}p}{\mathrm{d}a}$，也就是广告费的变化对产品价格的影响。

我们甚至可以把导数上下颠倒过来，就成了 $\frac{\mathrm{d}p}{\mathrm{d}q}$，这是什么意思呢？它表示的是无穷小的**销量变化**对**产品价格**的影响。

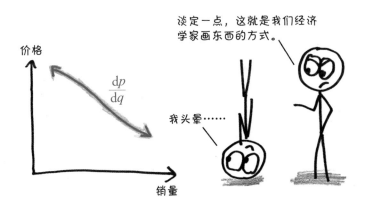

普通的符号能应付如此多样的导数吗？算了吧！只有灵活多变的莱布尼茨 d 家族才能如此优雅而巧妙地完成任务。正因为如此，莱布尼茨创造的符号对微积分的影响深远，并成为展现微积分的完美语言。

我不知道你是怎么想的，但我做泰迪熊玩偶的生意可不是为了交朋友，更不是为了削弱小孩子面对熊时无可指摘的恐惧而把食肉动物做成毛茸茸的可爱模样。我来这里就是为了赚钱，因此对我来说，输出变量只有一个，即利润。

没有内在价值的东西

为了使利润最大化，我们不想把价格定得太低。比如制作一只泰迪熊需要5美元；在这种情况下，以5美元的价格卖出一只泰迪熊是做慈善，而不是做生意。当然5.01美元也不太够——尽管在这个超低的折扣率下，我们可以卖出很多只泰迪熊，但就算卖出去100万只，我们也只能赚1万美元。

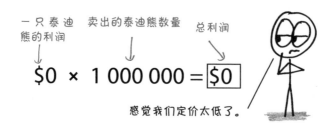

但是另一方面，我们也不想把价格定得太高。如果每只泰迪熊要价5 000美元，也许会有一个天真单纯的亿万富翁买一只回去，但更大的可能是根本不会有人想买。这样一来，销量就太低了，根本赚不到什么可观的利润。

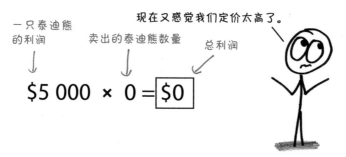

这时候，我们就需要用导数来定价格了，试求：如果我们将价格提高一个无穷小的增量，那将如何影响我们的利润？

$$\frac{d(利润)}{d(定价)} = \text{利润随着价格的微小增长而变化的情况}$$

导数为正？这意味着提高价格会提高利润。换句话说，我们的定价过低了。

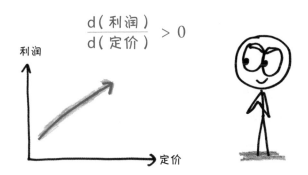

$$\frac{d(\text{利润})}{d(\text{定价})} > 0$$

导数为负？这意味着降低价格会吸引更多顾客，从而提高利润。换句话说，我们的定价太高了。

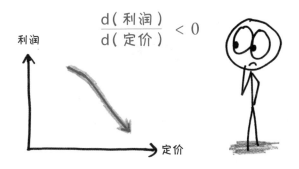

$$\frac{d(\text{利润})}{d(\text{定价})} < 0$$

我们要找到一个特殊的瞬间：导数恰好为零的价格。

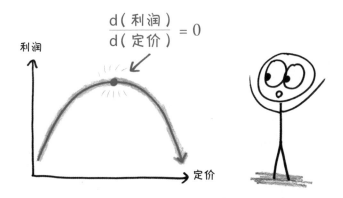

$$\frac{d(\text{利润})}{d(\text{定价})} = 0$$

函数图像上的"**极大值**"是一个重要的转折点，此时导数从正数转换为负数。而**极小值**则正好相反，此时导数从负数变为正数。其中的逻辑其实很简单：朝一个方向坚持，直到事情不再变好，开始变糟为止。这便是我们能做到的最好情况。

不过，在我们的定义中，极大值不是就**总体**而言的（它并不是所有点中最高的），而是就**局部**而言。从这一点向左移动一根头发粗细的距离，曲线是向上倾斜的；向右移动一根头发粗细的距离，曲线是向下倾斜的；再看回这一点，导数为零。这就是在微观分析的基础上确定的极大值。这是一个非常实用的小技巧，就像通过土壤样本来识别山顶一样。

微积分历史上第一篇公开发表的论文是莱布尼茨的《一种求极大值与极小值和求切线的新方法》（"Nova Methodus pro Maximis et Minimis"），于1684年发表。数学家莱昂哈德·欧拉（Leonhard Euler）曾说："世界上一切事情的意义都在于某个极大值或极小值。"

20岁出头时，莱布尼茨加入了一个排他性的炼金术士组织（嘿，那是17世纪60年代，人们对炼金术趋之若鹜）。为了证明自己对炼金术的忠诚，莱布尼茨整理了一份流行语大全，并荒谬地从中拼凑出一封堆砌辞藻、令人印象深刻的求职信。他这么做还真的管用：那些炼金术士眼前一亮，推选他做了该组织的秘书。不过，出人意料的是，莱布尼茨很快看透了他们的把戏。几个月后，他就离开了，并谴责该组织是"造金兄弟会"。

　　在我看来，这很莱布尼茨。进入一个领域后，首先你要做的是掌握这个领域的语言。接下来，真相，不管是什么样的真相，就会逐渐浮出水面。在学会炼金术士必备的花言巧语后不到十年，这个傲慢的年轻人发明了至今仍被无数人使用的数学词汇。

　　莱布尼茨有没有成功地把铅变成金子？并没有，但他完成了更重要的事：把小写的 d 变成了关于瞬间的永恒语言。

第 5 个瞬间

马克·吐温给我们上了一堂数学课。

第5章
当密西西比河绵延万里

在《密西西比河上的生活》这本书的开篇，马克·吐温提供了一直以来人们非常好奇的关于密西西比河的统计数据：长度为4 300英里，它的集水面积为125万平方英里，年储水量高达4.06亿吨。吐温经过计算发现："如果把这条河里的泥浆收集起来，可以堆成一个面积为1平方英里、高241英尺的土方块。"书中的这部分内容都是非常经验主义的，甚至可以说有点枯燥乏味，尤其是对马克·吐温这样一个时而被称赞为幽默大师、时而因为亵渎神明而作品被禁的作家来说。

不过，吐温的各位粉丝不必担心！正如他自己所说："了解事实以后，你就可以随心所欲地歪曲它们了。"像吐温这样技艺精湛的艺术家，可以利用一切线索，包括数字，编造出荒诞不经的故事，看看他的原话吧：

> 从某种意义上来说，这些枯燥的细节是很重要的。它们让我有机会介绍密西西比河最奇特的特点之一，那就是它的长度正在随着时间的推移而不断缩短。

和所有古老的河流一样，密西西比河的河道非常蜿蜒曲折。举个例子，直线距离只有675英里的河段，沿着河流的话要走1 300英里。不过有时候，由于河道太窄，河水会"跳"出河道的束缚，涌上地面，裁弯取直，使弯道变成直道。"不止一次，"吐温说，"它一跳，就把自己缩短了30英里！"在吐温的书出版前的200年间，密西西比河下游，也就是流经伊利诺伊州开罗市和路易斯安那州新奥尔良市之间的那一段，长度从1 215英里缩短到1 180英里，再缩短到1 040英里，最后缩短到973英里。

从这里开始，故事的走向就由马克·吐温操纵了：

> 在地质学中，这样的讨论机会和精确的数据简直可以说是绝无仅有的……请看下面：

> 在176年的时间里，密西西比河下游的河道长度缩短了242英里，平均每年缩短11/3英里。因此，任何一个具备冷静思考能力的人，只要不是瞎子和白痴，都能推测出，在志留纪时代，也就是100万年前的下一个11月，密西西比河的下游应该有130万英里长，就像一根钓鱼竿横亘在墨西哥湾上。同样，我们还可以推测，再过742年，密西西比河将只剩下不到$1\frac{1}{4}$英里长。那时候，开罗市和新奥尔良市的街道将交会在一起，两个城市各有一个市长，在同一个市议员委员会的领导下慢吞吞地发展。这大概就是科学的迷人之处：只要稍微投资一些事实和数据，便能获得如此大的推测回报。

因此，马克·吐温只是在玩一个愚蠢的算术游戏吗？当然不是了！他研究的是一种深奥的几何游戏，其中涉及的几何元素是微积分的核心，是导数的安身立命之本，是一种普通的几何形状，即直线。

请仔细观察：

现在让我们来制作一个图表，用于描述历史上不同时期密西西比河下游（从开罗到新奥尔良）河道的长度：

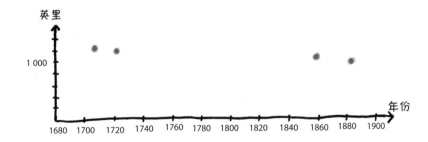

好吧，我们的数据的确少了点儿，但从图表中还是可以清楚地看出河流长度下降的趋势。近年来，统计学家们都热衷于用一种方法来修饰这种图表：一种被经济学家、流行病学家和草率的泛论者称为"线性回归"的分析方法。

首先，我们找到了图表的"中心点"。它的坐标很容易获得，就是现有数据坐标的平均值。

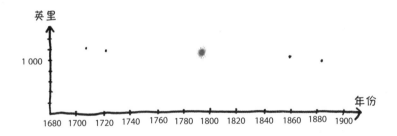

然后，从所有经过这一点的直线中，我们选择最接近所有数据的一条，也就是那条最接近所有已确认的点的直线。

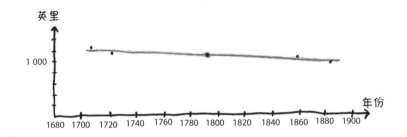

看哪！现在，我们的图像已经从几个零散的点——顽固、静止的小东西——一跃成为一条宏伟而连续的直线。它由**无数个点**组成，并且可以向任意方向延伸。

例如，我们可以把这条线延伸到遥远的过去：

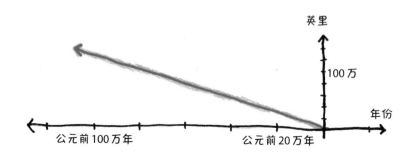

再看看！100万年前，密西西比河是一个宇宙级的庞然大物，长度超过100万英里。马克·吐温将其比喻为横亘在墨西哥湾上空的"鱼竿"实在太保守了，也不准确。经计算，**"真正"**的密西西比河的长度大约是月球与地球之间距离的五倍。每当这颗"石头卫星"经过密西西比河上空时，河水就会像消防水带一样把它的月光浇灭。

由于直线有两个方向，我们还可以将线性模型向前推进：

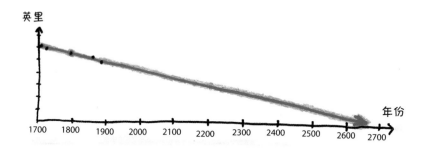

你明白了吧？图像显示，在28世纪即将到来之际，密西西比河的长度将缩减到不足1英里。为了实现这个目标，整个北美大陆将会像纸团一样被揉成一团，这使开罗和新奥尔良的市民成为他们期待已久的沿河邻居。此外，这两个城市之间还将出现一个500英里深、直通地幔的裂缝。

我听到你的嘀咕声了。你说："任何严肃的数学，都不可能建立在这样经不起推敲的基础之上，因为这些数据本来就不可靠。"

嘿，你认为什么是"严肃的"数学？数学本来就是个逻辑游戏，既抽象（或许）又无聊。而在许多游戏中，直线都是不可或缺的简化工具，它能帮我们绕过冗长的计算弯路，就像河道的裁弯取直一样把时间缩短。因此，直线的身影随处可见：在统计模型中，在高维变换中，在奇异的几何曲面中，以及最重要的，在导数的核心中。

以抛物线为例。如果你的视力像老鹰一样敏锐，请睁大双眼盯着下面这幅图，你将会看到一个深刻而微妙的真理：抛物线不是一条线。

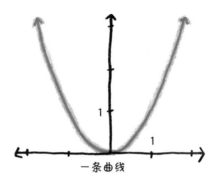

一条曲线

不好意思，我这样说不够准确，更确切地说，抛物线是一条曲线。但是，我们放大来看看。你现在看到了什么？

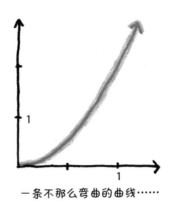

一条不那么弯曲的曲线……

仍然是曲线，是的。但它是一条不那么弯曲的曲线，一个不那么像抛物线的抛物线。继续放大观察，会发现什么？

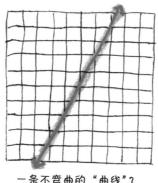

一条不弯曲的"曲线"？

　　曲线逐渐变得平缓，曲度渐渐变得柔和，仿佛我们正哄着它慢慢进入梦乡。如果放大到足够近，曲线的曲率会变得非常微小，肉眼几乎无法分辨。严格来说，它仍然是一条曲线；然而，在实际计算中，为了计算方便，它最好是直的。

　　在某个无穷小的比例下——比所有已知的比例都小，但又没有达到零——这条曲线达到了我们想要的效果。至少在我们的想象中，它变成了真正的线性。

　　那么，这些和导数又有什么关系呢？它们之间的关系密不可分。

　　你可能还记得，导数就是特定时刻的变化率。例如，它可以告诉我们密西西比河的长度在"现在"这个精确瞬间是如何变化的。

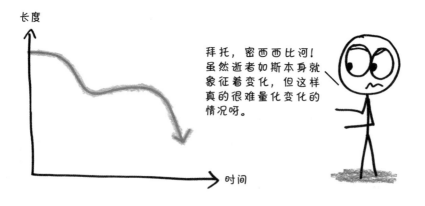

　　这个过程非常简单，我们可以把河流长度随时间变化的变化曲线放大，

就像刚才对抛物线做的那样。如果放大到足够近，曲线被截取成无穷小的一段，线条的曲率会变直，这样我们就能求出导数了。

因此，所有的微分学都建立在一个简单的观察方法上：**放大，然后线性化**。

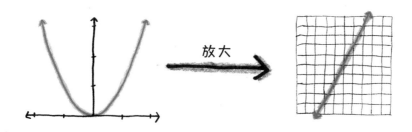

放大

当把地球按比例缩小来看时，地球的表面不是平的，因为它是个球体。如果我们试图把它夷为平地，只能绝望地发现自己得到的是像墨卡托投影那样扭曲的平面，而在这样的平面上，格陵兰岛（不到100万平方英里）看起来和非洲（近1 200万平方英里）一样大。但如果把地球放大来看呢？嘿，只要放大到足够近，你就永远不会注意到地平面的曲率。假如我想沿着密西西比河从伊利诺伊州的开罗到肯塔基州的哥伦布——一段20英里长的路程，只有地球周长的0.08%——只需要一张平面地图就足够了。

吐温犯了一个经典的错误，把变化曲线中**局部**的线性当成了**整体**的线性，因而得出的推测是荒谬的。他和我们开了个玩笑，但有人却一本正经地掉进了同样的陷阱而不自知。在《魔鬼数学：大数据时代，数学思维的力量》（*How Not to Be Wrong：The Power of Mathematical Thinking*）一书中（本章的许多想法都是我从这本书里"窃取"来的），文笔犀利的乔丹·艾伦伯格（Jordan Ellenberg）引用了一个教科书级别的错误示范：2008年，《肥胖》杂志上的一篇文章称，到2048年，美国成年人超重或肥胖的比例将达到，噔噔噔，100%。

可以想象，写这篇文章的研究人员把他们的线性模型扩展得太远了，已经随着地球表面的弯曲进入了太空。

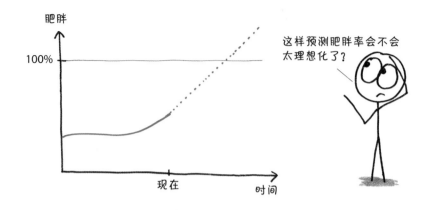

类似的研究案例还有一个。2004年，《自然》杂志上发表了一篇简短的文章，指出奥运会女子100米短跑的成绩比男子提高得更快。"如果按照目前的趋势继续下去，"作者写道，"到2156年奥运会，女子100米短跑的成绩将会超过男子，届时男女选手都将在8秒之内完成比赛。"

可惜的是，等到2156年，奥运会在巴黎太空城、纽约月球城或谷歌人民共和国举行时，恐怕"当前的趋势"将不复存在。这是因为"当前的趋势"总是线性的，而历史上的变化曲线几乎都是非线性的。假设用同样的线性模型逆推古希腊，古希腊的勇士们则要用40秒的时间才能跑完100米——这是步行就能达到的速度，而最近路易斯安那州的一个101岁的老太太也能走这么快。如果用线性模型对未来进行预测，结果看起来就更奇怪了：随着百米夺金所用时间的不断缩短，未来人类奔跑的速度将达到电影《星际迷航》中飞船飞行的速度。

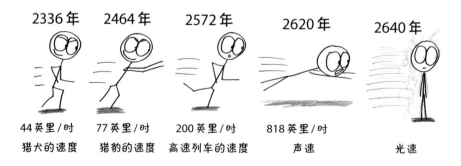

生命就像密西西比河，蜿蜒地前行。将它放大到一定程度后，你可能会发现一段直线，但整个生命的历程是永不停歇和九曲十八弯的。

在本章即将结束之际，我还想分享一下《密西西比河上的生活》的最后一段，是关于密西西比河三角洲的：

> 　随着河流中泥沙的沉积，陆地缓慢地延伸了，但只是缓慢地（在过去的 200 年里，只延伸了不到 1/3 英里）……科学家们认为，过去密西西比河的河口在巴吞鲁日，也就是群山的尽头，从那里到墨西哥湾之间的 200 英里长的平原是由河流沉积作用形成的。我们国家这一部分的历史就发迹于此，毫无疑问，这是整整 12 万年的历史。

这是另一个关于线性模型的案例。马克·吐温这次将视角转向了最近 200 年[①]。在地质学中，200 年不过是一刹那，在此期间，陆地的面积增长了 1/3 英里（约以每年 9 英尺的速度）。于是，马克·吐温逆推后认为，在 12 万年前，密西西比河三角洲位于目前密西西比河上游 200 英里处。

唉，马克·吐温还是犯了与《肥胖》杂志上的那篇文章的研究人员同样的错误，明明他在书中的其他地方还曾嘲讽过这个错误。

正如我们所知道的，密西西比河的历史可以追溯到上一个冰河时代的末期，也就是 1 万年前。而马克·吐温的线性模型却向过去延伸了 100 万年，这就如同将一条河流延伸到太空深处。他试图用一个导数来描述所有的永恒，却忘记了它只能表达那一个瞬间的变化。

---

① 这里的时间节点为马克·吐温写《密西西比河上的生活》时，不是本书创作时的最近 200 年。

第 6 个瞬间

夏洛克·福尔摩斯在运动学上犯了难。

第6章

福尔摩斯和迷路的自行车

在阿瑟·柯南·道尔所写的《福尔摩斯探案集》中，故事《修道院公学》讲的是英国一所贵族寄宿学校里发生的案件：一位富有的公爵10岁的儿子在学校宿舍里离奇失踪，同时不知所终的还有一位德语老师、一辆自行车（以及学校愿为普罗大众服务的承诺）。在当地警察都束手无策的情况下，绝望的校长跌跌撞撞地走进贝克街221B号，寻求小说中威名远扬的大侦探福尔摩斯的帮助。

"福尔摩斯先生，"校长说，"拜托你务必尽力破案，你这一生中再也不会遇到比这更值得全力以赴的案子了。"

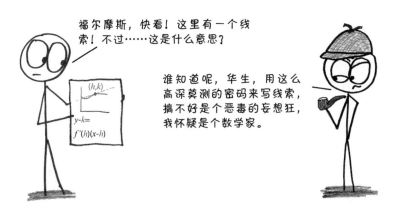

数小时后，夏洛克·福尔摩斯和他的搭档华生医生来到学校附近的一大片湿地上搜查，他们发现了第一个线索："一条漆黑的羊肠小道，潮湿的地面上清晰地留下了自行车经过的痕迹。"于是福尔摩斯开始了经典的演绎推理：

"华生，你看，这个人骑着自行车从学校出来。"

"也可能是骑着自行车往学校的方向去？"

"不对，华生，不是这样的。你知道，自行车在泥泞中前行时，后
轮会陷得更深，因为人的重量主要落在后轮上。你看这地面，后轮的
轨迹与前轮的轨迹相交了好几次，把前轮留下的较浅的痕迹都抹去了。
毫无疑问，这辆自行车是朝着离开学校的方向前进的。"

看看这言之凿凿的物理学证据！看看这堪称天才的几何推理过程！不
过，有一个小问题被这段流畅的解释掩盖了，我在这里用一个简单的图表
就可以说明：

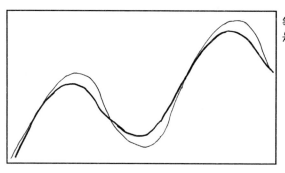

从上图中，我们可以看到两条轨迹，较深的轨迹与较浅的车辙相交了
好几次。仅凭这个就可以确认自行车行驶的方向吗？哎，其实不然。福尔
摩斯犯了一个不该犯的错误：他忘了自行车后轮的轨迹**总是会**轧过前轮的
轨迹，这一事实并不能提供自行车行进方向的线索，而是体现了自行车设
计的一个特点，即前轮可以调整方向，后轮不能，因此后轮的行进方向和
前轮是保持一致的。

人们可能会把这个错误怪罪于作者柯南·道尔，但我认为福尔摩斯必
须为自己的错误负责，即便他只是小说中的人物。

不过，这个公爵的运气不算太差，还有一种准确而简单的、可以通过
自行车的轨迹推断出前进方向的方法。这种方法基于微积分中一个简单而

强大的概念：切线。

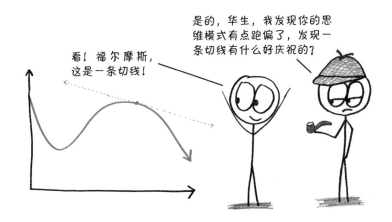

"切线"（tangent）一词与"tangible""tango"均来自同一个拉丁语词根"tangere"，都表示触碰、爱抚的意思。在数学中，切线飞快地触碰到曲线上的某一点，而正是在那个短暂的瞬间，它指引了曲线的瞬时方向，成为曲线的导数。

更形象地说，如果曲线是一辆车行驶的轨迹，那么切线指示的就是前照灯的方向。

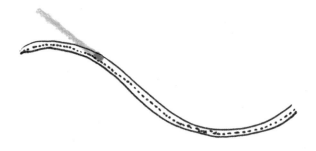

假如你想做一个更戏剧化的演示，还可以在一块石头上系一根绳子，然后拽着绳子的一端，在头顶上绕圈。当绳子突然断裂时，石头会沿着一条直线飞出，这条直线就是石头的绕圈路径在石头飞出去那一刻的切线，也就是石头那一瞬间的运动方向。

那么，自行车的情况是怎样的呢？因为自行车的前后轮都被固定在了车架上，所以在任何给定的时刻，后轮都在追赶着前轮。也就是说，它的瞬时运动方向一直指向前轮的当前位置。

让我们用最初的问题来验证这个事实：在不知道车辙深度的情况下，我们还能分辨出哪个是前轮吗？

亲爱的夏洛克，这个问题其实很简单。只要我们能在一条轨迹上找到一个切线朝外的点，也就是切线指向的方向完全没有车辙（意味着没有车轮经过），那就是前轮的轨迹。你想想，后轮的注意力可能如此分散吗？当然不可能！后轮是时刻紧跟着前轮的。因此，切线朝外的轨迹一定属于前轮。

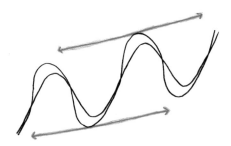

现在，摆在我们面前的是一个价值 6 000 英镑（故事中公爵提供的赏金）的问题：自行车朝哪个方向行驶？

值得考虑的只有两种可能性。首先，假设自行车从左向右移动。我们为后轮画几条适当的切线并延长它们，直到其与前轮的轨迹相交：

理论上，沿着切线从后向前的距离应该与自行车的长度是一致的。但在这幅图中，随着我们在轨迹上选取不同的点，这个距离始终在变化。对此我们只能得出这样的结论：在这段旅程中，自行车的车身像弹簧一样不停伸缩，长度一直在变化。因此，这样的自行车必定属于某个技术高超的骑手，否则就是这个可能性本身存在问题。

《修道院公学》中对这个推论给出了一个合理的评价：

"福尔摩斯，"我说道，"这不可能。"

"非常好！你的这句话让我醍醐灌顶。"他说，"我也发现这是不可能的，所以我一定是有某个地方说错了。你能找出问题在哪里吗？"

其中的问题不言而喻。现在，我们还剩下一个未考虑的选项，即假设自行车从右向左行驶：

啊哈！谢天谢地，这次画的切线都是一样的长度，这些切线体现了自行车坚实的结构，也印证了我们推理过程的合理性。就这样，我们得出结论：从右向左是自行车行驶的正确方向。

这段推理的华丽转身是不是令人拍案叫绝？它从运动残留的痕迹中提取确定性，从几何的编码语言中提取朴素的真理，还结合了对物理证据的严密检查和对抽象逻辑的仔细练习。在这些特性上，它类似于福尔摩斯推理的每一次成功，也类似于高等数学的每一次成功，而且一切都并非巧合。

福尔摩斯与数学之间的关系很明显：数学就是他的镜像。这也就是为什么当柯南·道尔想为这位逻辑缜密、目光敏锐的侦探找一个能配得上他的劲敌时，创造了一位数学家，即莫里亚蒂教授。在小说中，莫里亚蒂教授被描述为"犯罪界的拿破仑、天才、哲学家和抽象的思想家"，更不用说他的著作《小行星力学》了，那是"纯数学的巅峰之作，整个科学界没有人能对它提出任何疑问"。

因此，如果是莫里亚蒂，可能很快就能完成对自行车路径的推理，而且我估计这个劲敌对福尔摩斯的思考方向也了如指掌。

我第一次了解这个自行车谜题是在传记作家西沃恩·罗伯茨（Siobhan Roberts）写的可爱传记《天才玩家：约翰·康威的好奇心》（*Genius at Play: The Curious Mind of John Horton Conway*）中。书中有一个故事让我印象非常深刻：三个数学家在普林斯顿大学合作开设了一个实验班。按照他们的说法，这是一项"突破传统的、颠覆性的尝试"，目标群体是"数学和诗歌专业的学生"，课程主题为"几何与想象力"。他们预计报名的学生人数可能会在20人左右，结果竟然有92个学生报名。正如罗伯茨所说的，这些孩子的钱花得太值了：

　　　　教授们组织了一个集体进教室的盛大仪式，有时是举着一面旗子入场，有时戴着自行车头盔，有时甚至会拉着一辆红色的小马车，车上装满了多面体模型、镜子、手电筒、从杂货店买的新鲜农产品……

在其中一节课上，教授们找来一大卷纸，撕成至少6英尺宽、20英尺长的纸条，然后骑着车轮上涂了油漆的自行车碾过这些纸条。这就创造了史诗级的几何自行车画作，一个真人大小的谜题。和年轻的福尔摩斯一样，学生们的任务是确定自行车的行进方向。

但是教授们提出了一个更难的问题，甚至连莫里亚蒂都可能解不出来：

　　　　然而，有一组轨迹却难住了学生。彼得·多伊尔（教授之一）骑着车碾过那张纸条，然后又骑了回来，不过他骑的是辆独轮车。

这简直就是《爱丽丝梦游仙境》里的梦话！

我会求自行车轨迹的切线，因为之前学过。但是，这位先生的车可不是自行车啊。

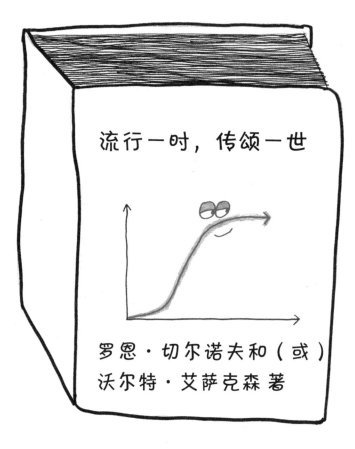

流行一时，传颂一世

罗恩·切尔诺夫和（或）

沃尔特·艾萨克森 著

第7个瞬间
一本即将出版的畅销书。

第7章

一部未经授权的潮流传记

这是一个关于潮流的故事。至于具体流行的是什么，你自己来决定吧。可以是呼啦圈、魔方，或者是电子宠物机、苹果手机。当然，它不一定非得是玩具，你还可以选择某种语言上的变化、某项新技术或某个社交网络，抑或是一个正在生长的肿瘤或一群繁殖能力惊人的兔子，只要是能吸引你的事物就行。接下来，我能让它成为一种潮流，吸引所有人。

"这怎么可能？"你惊讶得瞠目结舌，"怎么可能做到任我选择主题，同时又让它适用于所有人？"

因为这实际上是一个关于曲线的故事，而这条曲线是这样的：

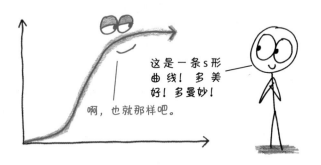

这个基本模式被称为**"逻辑斯蒂增长模型"**，是迄今为止世界上最伟大的数学模型之一，在基础微积分中的地位之高就更不用说了。和所有的经典之作一样，它的故事可分为三幕展开。

首先是第一幕：加速。

在最开始的那段时间里，我们要引发的潮流尚未开始流行，还只是一个缺乏根据的想法。比如，某个异想天开的疯子突然冒出来的想法，"**我要把石头当成宠物卖给人们**"，或是"**我要编一支只用手臂舞动的舞蹈，让它风靡全球，那时每个人都将欢呼着'嘿，玛卡雷娜'**"，甚至是"**我要把一本全是人脸的书电子化，这样我就能成为扎克伯格，颠覆全世界的社交方式**"。

这些想法现在看起来是不是都很有远见？或许是的。但在一开始，它们的传播速度看上去十分缓慢。

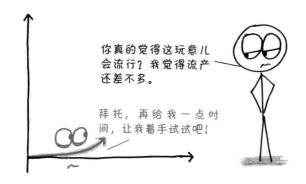

好在情况并不像看上去那么惨烈。在这些不被看好的起步阶段，我们要引发的潮流的扩散速度实际上接近于**指数级增长**。

"指数级"一词已经渗入人们的日常用语，这在数学词汇中并不常见（例如，"点积"和"二分图"这些词就仍属于艰涩难懂的名词，极少为人们所知）。然而，正如一个独立乐队在发展壮大的过程中，原本的一些风格和特色难免会消失，人们将"指数级增长"视为"非常快"的同义词，但它还有更精确的专业定义：指一个变量增长的速率与其大小成比例。

换句话说，这个变量越大，它增长的速度就越快。

在**线性**增长中，增长量在每个时间段是一定的。这样的增长可能很缓慢，就像一棵普通的树每年增加一圈年轮；也可能很快，就像电影《杰克与豆茎》中那棵变异的豆茎，每毫秒就增加一圈年轮。对线性增长而言，重要的不是速度，而是增长率的一致性。如果某个事物的增长率保持不变，那么它就是线性增长的。

　　而指数级增长就截然相反了。假设一家初创公司的收入每月增加8%，一开始，它的8%只是一个微不足道的数值（因为总收入本来就很少，所以它的8%必然更少了）。但是，随着时间的推移和公司的扩张，8%的增长对应的数值变得越来越大。在9个月的时间里，公司的收入就翻了一番；在10年内，公司已经从每月营收1 000美元的"毛毛虫"变成了每月800万美元的"巨型蝴蝶"；再过10年，它就会变成一个每月赚1万亿美元的超级怪物——这个数字占全球GDP的15%。**这就是指数级增长。**

　　你可以在两个简单的方程式中看到这两种增长模式的本质区别：

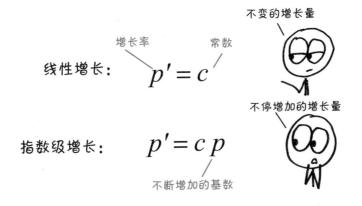

当然，这种指数级增长的蜜月期不可能永远持续下去，否则潮流的每一次流行都会吞噬整个宇宙。事实上，到目前为止，这种情况只发生过两次，一次是豆豆公仔（Beanie Babies，一种使用豆状 PVC 材料作为填充物的绒毛玩具）的流行，另一次是嘻哈圈用手臂挡脸动作（dabbing）的流行。指数级增长持续一段时间后，我们的故事就进入了第二幕：拐点。

和"指数级"这个词一样，"拐点"是另一个从数学书进入人们日常用语的词汇。尽管我非常乐于见到数学术语的病毒式传播，但我必须指出，在日常生活中，人们总是用"拐点"来表示"发生变化的时间点"，让这个词显得很不高级。

在逻辑斯蒂增长模型里，拐点不是快速增长**开始**的时刻，而是快速增长达到**顶点**，到达高潮的那一刻——自那以后，漫长而缓慢的衰退便开始了。

你们可能还记得，导数可以告诉我们图像是如何变化的。正导数意味着正在增加，负导数则意味着正在减少。

而二阶导数则会告诉我们一阶导数——也就是增长率本身——是怎样变化的。正的二阶导数表示增长率正在加速，负的二阶导数呢，则表示增长率的增速正在变缓。

拐点是一个发生转变的时刻：这一刻的二阶导数由负变为正，或是（像逻辑斯蒂增长模型中的情况一样）由正变为负。就像一列失控的火车或一首大街小巷都在放的流行歌曲，在一段时间的持续加速之后，增速开始放缓——终于放缓了。

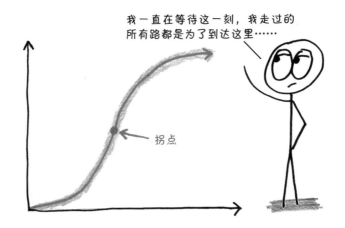

这是潮流在流行过程中经历的一个特殊时刻：胜利的号角响起，回首来时路，不由得百感交集，这体验与人们到达巅峰时的感受差不多。以社交平台 Instagram（照片墙）为例，假设这个月是新增用户**最多**的月份。尽管此时并不是 Instagram 用户最多的时候，但却是用户量增长速度**最快**的时候，这说明其传播速度比过去或将来任何时刻都要快。从图中可以看出，之后用户量的变化情况是其早期发展轨迹的镜像：每一个加速的瞬间都有一个相对应的减速瞬间。

这就带我们来到了故事的第三幕：饱和。

在这里，我们所引发的潮流成为社会的主流，这让它看起来没有那么酷了。父母那一辈都知道了它，爷爷奶奶们也都听说过它，甚至连那些被称为"流行文化绝缘体"的数学老师可能也赶起了时髦。早期的拥趸们发现，他们曾经引以为傲的时尚潮流不再是小众和前卫的。正如悖论之王尤吉·贝拉（Yogi Berra）所言："再也没有人会去那里了，现在那里挤满了人。"

在指数级增长模式中，某变量增长的速率与其大小成比例。而在逻辑斯蒂增长模型中，又增加了一个关键信息：某变量增长的速率与大小成比例，同时也与它的值和极大值的距离成比例。

换句话说，越接近极大值时，增速越慢。

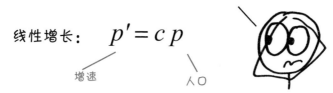

正如一片森林里只能容纳一定数量的兔子，一个经济体中只能承载一定数量的电动汽车，喜欢《江南 Style》这首歌的粉丝数量也会有上限，每个系统都以某种方式拥有着有限的资源。众所周知，脸谱网（Facebook）的用户数量永远不可能超过人类的数量，除非它放宽对海豚和大猩猩用户的偏见禁令，允许它们注册账号。

为了更好地说明这一点，我们需要借助化学和化学中的**自催化反应**。

化学这门科学研究各种各样的反应，比如"具有爆炸性的""会冒泡的"和"噢，能产生梦幻色彩的"。在一些情况下，有一种特殊的分子可以

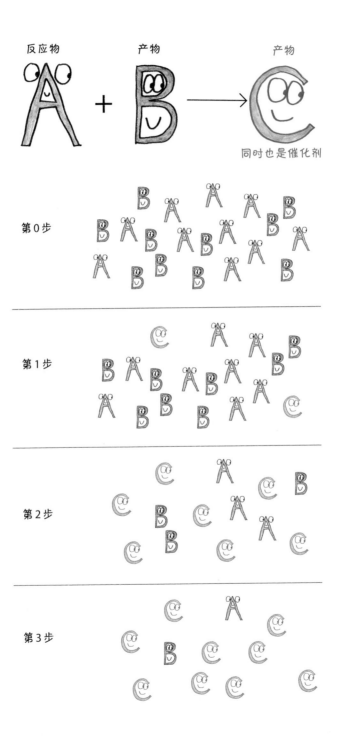

加速反应，如同热心的助手一般，我们称之为"催化剂"。

在一些非常特殊的反应中，反应产物本身就有催化剂的作用，这就形成了一个正向的反馈循环：产生的催化剂越多，产生催化剂的速度就越快。这样下去，反应就会越来越快，甚至导致沸腾或爆炸……不过，这样的循环是不可能永远持续下去的。当反应物逐渐耗尽，直至接近于零时，我们剩下大量催化剂，但是已经没有什么东西需要催化了。反应就这样慢了下来。

潮流的流行也遵循着类似的逻辑。一种潮流吸引的人越多，就会有越多的人加入传播它的队伍，进而导致加入的人越来越多。这样的正向反馈循环会导致指数级增长——至少在一段时间内是如此。然而，这一潮流的目标群体迟早会被耗尽。加入的人很多，但已经没有潜在的受众可以吸纳了，正如自催化反应后期的情况一样，催化剂过剩，但没有反应物可以催化了。

如果你喜欢浮夸的化学术语，你可能会说，病毒式的流行就是人类的自催化反应。

数学中的模型分为两大阵营：机械模型和现象学模型。**机械模型**体现了数学本身的原理，就像一架装有等比例缩小的引擎的模型飞机；而**现象学模型**仅仅是致力于表面上的相似，就像一架普通的模型飞机，看起来很酷炫、逼真，却飞不起来。

在测试模型之前，你可能会问：它是哪一种？

硅谷的那些IT公司更喜欢采用的是机械模型，他们会计算一个"病毒式传播系数"（指每个潮流追随者吸纳的新人数量），再估算一下整个市场的规模，制作一个PPT，然后就准备向投资者推销了。

还有另外一个故事，是一位著名生物学家的真实故事，他利用逻辑斯蒂增长模型预测了美国未来的人口。在估算了20世纪初的数据后，他掰了掰手指，得出结论，美国的人口将稳定在略低于2亿的水平——哎呀，这个数字我们早就超过了，而且超出了大约1.2亿人。

可是，如果逻辑斯蒂增长模型无法帮我们预测一个流行趋势将在何时稳定下来，那它到底有什么作用呢？难道它就只是一个民间故事，一个以

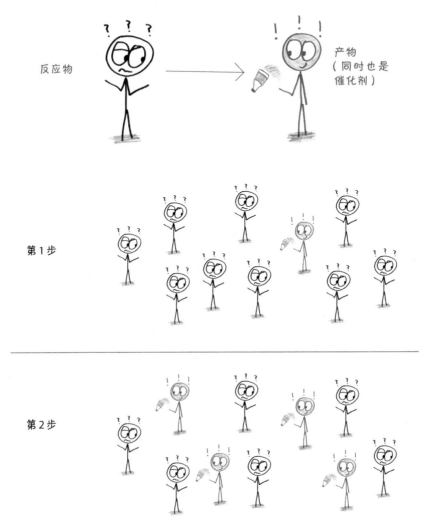

图表形式呈现的故事?

　　或许是吧，但不要小瞧这一点。我们每个人都是讲故事的生物，而叙述的手法建构了我们的行为、思想，以及我们的外卖订单。即使不能预测未来，逻辑斯蒂增长的神话故事也可以丰富我们的思维，突出关键的时刻，并指引未来可能的发展方向。

　　数学模型描绘了一个复杂到无法完整表达的现实。对复杂的问题稍微简化一下是人类再正常不过的反应——只要我们在玩玩具之前先阅读一下细则就行。

第8个瞬间
一个不肯屈服的谜题。

第 8 章

风留下了什么

这是马萨诸塞州11月的一天，天空晴朗明净。风吹落了树叶，就像冬天抹去了秋天的装饰物。我端着一杯茶，向朋友布里安娜（一名英语教师）描述我写的这本书，当然，这本书在当时只有一个粗略的大纲加几个未完成的片段。我解释说，这本书就像一场微积分之旅，但其中没有花哨的方程，没有复杂的计算，只有想法和概念，而且它们都是用讲故事的方式说明的。这些故事将跨越人类的发展历程，从科学到诗歌，从哲学到幻想，从高雅的艺术到日常生活。不好意思，虽然我还没正式开始写这本书，但总是会一不小心就把它夸得天花乱坠。

布里安娜认真地听着我的侃侃而谈。按她自己的说法，她"不是一个有数学头脑的人"，但是在我看来，她是一个有好奇心、有思想、有洞察力的人，而这正是我想要的读者。在我们聊得正起劲时，布里安娜突然想到了一个数学老师曾出的谜题。随后她拿出一张纸，并在纸上画了一个长方形。

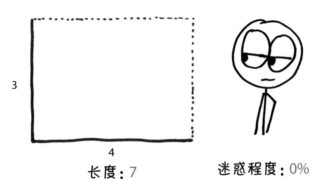

长度：7　　　　　迷惑程度：0%

"虚线部分有多长？"她问道。

"7英寸[①]，"我说，"3 + 4 = 7。"

"好的，那这个呢？"她又问。

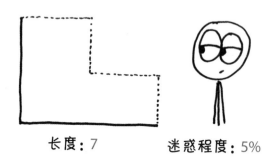

长度：7   迷惑程度：5%

"还是7英寸，"我答道，"2条水平边的长度加起来是4英寸，2条竖直边的长度加起来是3英寸。就算你把它们分成一段段的，也不会改变它们的总长度。"

"说得没错，"她说，"那**现在**呢？虚线部分有多长？"

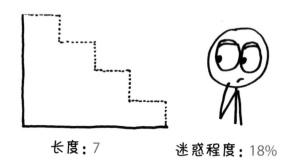

长度：7   迷惑程度：18%

"还是7，"我回答，"道理不变。"

她又画了一个图："现在呢？"

①   1英寸≈2.54厘米。

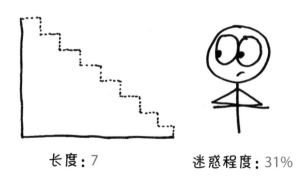

长度：7　　　　　　迷惑程度：31%

"依然是7……"

"好的，那如果我们无限次地重复这个步骤，最后创造出一个这样的形状呢？"布里安娜说。

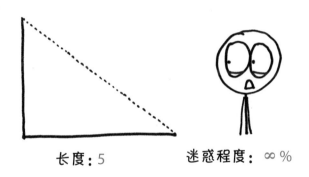

长度：5　　　　　　迷惑程度：∞%

我皱起了眉。现在这幅图展现的是数学书中最古老的定理之一——勾股定理，也就是直角三角形中"$a^2 + b^2 = c^2$"。"在这个题目中，$a=3$，$b=4$，所以 $c=5$。"我回答道。

"没错，就是5。"布里安娜像歌手扔麦克风一样，把铅笔帅气地扔在了桌子上，然后问我，"所以，这是什么情况？"

和布里安娜一起坐在客厅里的有以下几个人：① 她的丈夫泰勒，过去是微积分老师，现在是数据科学企业家；② 我的妻子塔琳，一名数学研究人员；③ 我，一个写数学书的人。我们几个所接受的数学教育时间加起来超过40年，并且分别拥有麻省理工学院、加州大学伯克利分校和耶鲁大学的学位。我们都清楚地知道极限、收敛及近似几何的概念，当然也知道7不可能等于5。

但面对这一难题，我们却怔住了。我觉得整个宇宙都在戏弄我，那感觉就好像有人把手伸到了我的身后，然后故意拍我另一侧的肩膀，让我朝错误的方向转身。我几乎能听到他在咯咯地笑，不过那也有可能只是风声。

"这是非一致收敛吗？"塔琳疑惑地嘀咕着。

泰勒不太确定地说："这不是一个有意义的极限。"

我的脑海中出现了几个可能的反驳角度，但都没有丝毫的启发性或解释性。

所以我只能点着头："啊，是的。"

布里安娜提的这个谜题直击微积分的核心，同时直击其哲学概念的基础——**极限**。极限是无限过程的最终目的。你不一定会达到极限；你只是在不断地靠近它，越来越近，比文字或想象所能描绘出来的还要近。布里安娜在这里设置了一个极限，一个非常狡猾的极限。它以某种自相矛盾的方式，同时指向两个目的地。如果一步一步地走，长度是7；但是不知为何，如果从终点往回看，长度就变成了5。

诸如此类的悖论一直困扰着微积分。在莱布尼茨和牛顿首次提出该理论之后的那一代人中，哲学家乔治·贝克莱就责备他们太草率了。牛顿曾经声称，微积分追求的不是**消失之前**的值（也就是当它们仍然是有限的数值时），也不是**消失之后**的值（也就是当它们变为零时），而是**消失时**的值。这到底是什么意思呢？

"这些所谓'转瞬即逝的增量'是什么？"贝克莱不屑地说，"它们既不是有限的量，又不是无穷小的量，也不是零。难道我们要把它们当作数字去世后的亡灵？"

布里安娜的谜题并不是唯一一个这样的悖论。还有一个类似的问题，是从等边三角形开始的。假设三角形的三条边都相等，那么红边之和是黑边的两倍长。

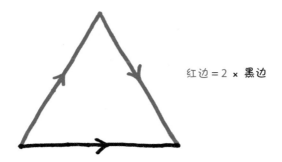

红边 = 2 × 黑边

接下来，把两条红色的边分别掰两半。这样一来，我们先上后下的路线就变成了向上→向下→向上→向下的路线。

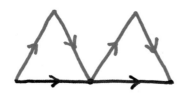

红边 = 2 × 黑边

红色边的长度没有改变，我们只是重新排列了它的各个部分。因此，它的长度之和仍然是黑边的两倍。我们可以重复这一过程（掰开、重排、掰开、重排……），每一步红色边的长度之和都是黑色边长度的两倍。

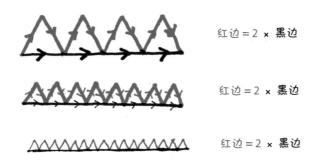

红边 = 2 × 黑边

红边 = 2 × 黑边

红边 = 2 × 黑边

如果我们无限重复这一步骤，那么原来的红色尖顶帐篷就会无限趋近于一条直线，与黑色边变得难以区分。但是，这样会使黑边的长度加倍吗？

研究人员历经了几个世纪的磕磕碰碰才理解了这个领域。"阅读那个时期数学家的语言,"威廉·邓纳姆(William Dunham)教授写道,"有点像听肖邦在一架有几个音走调的钢琴上演奏,尽管我非常欣赏这位音乐天才,但有些东西听起来就是不太对劲。"

令人困惑的事实是,并不是所有的东西都能在求极限的过程中幸存下来。

以数列 0.9,0.99,0.999,0.999 9,…为例,每前进一步得到的都是一个分数,即一个**非整数**。然而,在这条无穷远的求极限路上的某处,这个数列将收敛到 1。

这是否意味着 1 不是整数?当然不是!它只是意味着终点看起来不一定就是通向终点的那条路的样子,就像木制楼梯可能会通向铺着地毯的楼层。

下面是我妻子在她的分析导论课上举的一个例子:一个三角形的波浪在平静如水的 x 轴上移动。

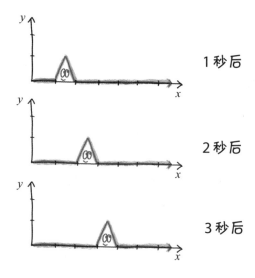

在 x 轴上,所有点在某段时间内均为零,然后在三角波经过时短暂地变

为非零，之后再次变为零，直到永远。因此，每个点迟早都会收敛到零的高度，这意味着整个画面的极限是一条水平线，也就是x轴。

　　但是三角波最终会怎样呢？极限会像原子弹毁灭一切那样抹去它吗？

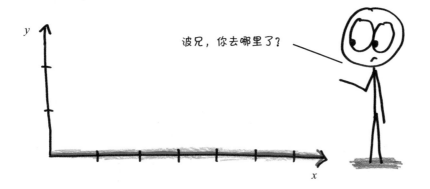

说实话，是的，极限可以做到这一点。

　　你永远无法真正"到达"一个极限。当然，你可以靠近它——近到你能闻到它的味道，近到你能感受到它的疼痛——但你并没有到达。而真正的极限是一种超凡脱俗的境界，飞跃到极限的瞬间类似于通向死亡的致命一跳；原本受时间限制的肉体摇身一变，成了永恒的灵魂。既然离开了尘世，就不必再要求所有的特征都在这个变化过程中留存下来了，难道因为我们的肉身有毛发和牙齿，就要苛求在过世之后也有一个拥有一头秀发和一口好牙的灵魂？

　　在数学学科中，微积分是一个高深莫测的奇迹，它的神奇之处在于有那么多事物都在飞向极限的致命一跳中幸存了下来。导数和积分都是由极限定义的，但它们没有在悖论中土崩瓦解，而是井井有条地工作着。

　　那些和布里安娜提出的谜题类似的问题推动了19世纪数学的发展。整整一代学者齐心协力，彻底消除了微积分中的悖论，他们将前人建立的直观、几何意义上的概念变得更严谨、更无懈可击。在这个过程中，微积分的概念被重新构建，只保留了最初的一部分特征。

　　这就是关于求极限的过程的故事。有些故事如秋天的落叶消逝在风中，而有些则像冬天的松枝般苍翠挺拔、不畏风雪。

第9个瞬间

一颗迎风飘扬的粒子。

第9章

如尘埃般漫天飞舞

时间回到1827年。在这个故事里，我们的主角是一位乐呵呵的、头发花白的植物学家，名叫罗伯特·布朗。此时，他正俯身在显微镜前，凝视着一张沾满野花花粉的载玻片。在奈飞（Netflix）出现前的几十年里，这是一个相当有意思的周末娱乐项目。在那沾满湿润花粉的载玻片上，布朗注意到一个非常奇怪的现象：

花粉们正在开一个小型舞会。

花粉粒分裂出的微小颗粒在他眼前晃动。它们颤动着，欢笑着，如刚出炉的爆米花般跳来跳去，又像是受了刺激的兔子，我在朋友的婚礼上也是这副模样。它们扭动着身体，就像在听秘密播放的 *Uptown Funk*①。是什么促成了这样的狂欢？

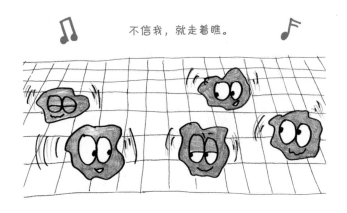

_____
① 美国创作型歌手布鲁诺·马尔斯与英国音乐制作人马克·容森合作演唱的一首歌曲。

会不会是花粉本身的生命力，让这些花的生殖细胞像人类的精子一样游动？不可能。一方面，即使这几滴液体被密封在玻璃片里一整年，这欢快的舞蹈也不会停止（对一场舞会来说，这绝对是非常大的考验）。另一方面，布朗后来在玻璃颗粒、花岗岩颗粒、烟雾，甚至来自吉萨狮身人面像的石块——估计在那个年代，该景区并不在意游客带着"免费样本"翩然离去——中都发现了同样的运动。

布朗并不是第一个对这种现象感到惊讶的人。在他上一代的研究者中，就有一位名叫加恩·伊根霍兹（Jan Ingenhousz）的科学家注意到了煤粉在酒精里的颤动。而早在2000年前，罗马诗人卢克莱修（Lucretius）也描写过灰尘在阳光下飞舞的景象。这样的舞蹈无处不在，而且历史悠久，源远流长。

所以，这到底是什么呢？

众所周知，世界由原子构成，这些原子都处于不断相互碰撞的运动中。

虽然没有电子显微镜，我们就看不到原子，但我们**可**以看到被原子轰击的较大的粒子，比如狮身人面像的尘土和野花的花粉。想象一下这个场景：迪士尼"未来世界"园区里的巨型球被数万亿颗看不见的弹珠无休止地撞击，现在是不是明白了？

在任意给定的随机时刻，只要来自粒子一侧的撞击力度略大于另一侧的撞击力度，就会使粒子朝着某个方向跳跃。而下一瞬间，由于粒子的位置发生了变化，其所受到的撞击也随之发生变化，导致粒子向一个新的方向移动。

就这样，一个瞬间接着一个瞬间，一直持续到天荒地老。

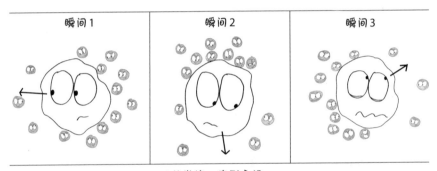

以此类推，直到永远。

粒子的跳跃——后来被命名为"布朗运动"——呈现出令人困惑的特征。这种运动**既任性又随机**，并且粒子不会偏向任何一个方向；它还是独立的，每个粒子都自顾自地舞动着，与左邻右舍没有任何关联；而且它是不可预测的，从过去的走势无法推测未来的走向。但或许最奇怪的是粒子运动方向变化的性质。

在数学模型中，它们是"不可微分的"。

这个术语或许需要进一步的解释。比如说，假设你是一个棒球，我以每秒25米的速度将你抛向空中（希望你可以原谅我的鲁莽），接下来会发生什么呢？你会穿透大气层，然后孤独地飘荡在星空中吗？

别怕，我亲爱的棒球朋友！作为一个地球公民，你当然会受到地球引力的保护。因此，1秒钟后，你的速度就会减慢到15米/秒。再过1秒钟，你的速度则会下降到5米/秒。而在接下来的半秒内，你将进一步减速，直到最后你改变运动方向，开始加速向下。

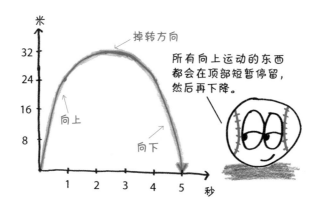

在这个旅程的顶点，出现了一个妙不可言的奇特时刻——你停止了上升，但还没开始下降。在这短暂的停顿中，你是静止不动的，"运动"速度是每秒0米。

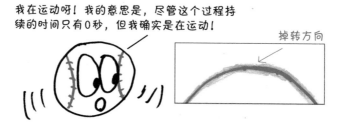

现在，如果我们给你装上一个火箭助推器呢？曾经你只是一个用牛皮缝制的棒球，如今摇身一变，成了一个带有喷气动力装置的牛皮球。这时你会先向上飞，然后向下飞，而这会产生一种不同形式的方向逆转吗？

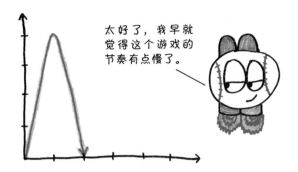

　　并不会。尽管刚才花了整整一秒钟的事情现在在时间上缩短了一大半，但整个变化过程依然遵循相同的基本模式：在你向上的运动变慢、向下的运动开始之前，会有一个逆转的单一瞬间，此时你的瞬时速度为零。

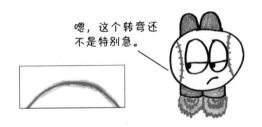

　　我们只有充分发挥数学想象力，才能想出另一种改变方向的形式，比如下面这个例子：

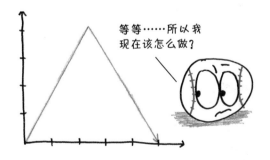

　　在图中，咄咄怪事发生了。你直接从"向上"运动变成"向下"运动，在其中没有任何过渡：就像在球赛中，没有人叫暂停，也没有人传球，但你的方向就是毫无征兆地改变了。

　　即便把这个过程放大（嘿，"放大"几乎成了我们用来进行一切计算的必备手段），还是没法找到确切的答案。不管你观察的时候离得有多近，或者把这个运动的视频放慢了多少，反转的那一刻仍然是非常奇怪的。一万亿分之一秒之前，棒球以每秒10米的速度向上运动；一万亿分之一秒后，它以每秒10米的速度向下移动。没有减速，没有加速，只是一个突然的转变，如此神秘和猝不及防，简直匪夷所思。

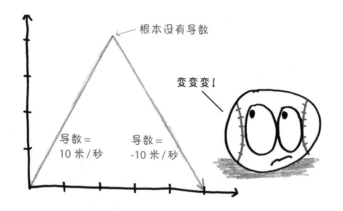

　　因此，棒球在那一刻的速度是多少？实际上，这种运动是如此畸形，以至于速度的概念失去了意义。在那一瞬间，棒球是没有速度的。用微积分的术语来说，它的位置函数是**不可微分的**。

　　现在，言归正传，让我们回到布朗运动。棒球做不到的事情，布朗运动中的粒子似乎每时每刻都在做，而且会一直持续下去。

一个孤立的不可微点，一个在平滑的延伸中突然反转的点，这已经够可怕的了。但在布朗时代过去半个世纪后，德国数学家卡尔·魏尔施特拉斯（Karl Weierstrass）构造了一个更为可怕的数学函数。他不满足于1个、2个或20个不可微点，建立了一个**处处**不可微分的函数。

在魏尔施特拉斯的怪物函数图上，每一个点都是一个尖角。

是不是还在努力想象这个画面？我也一样，伙计。我没法描述得非常准确，只能提供一个近似的比方：如果说有一个阶梯，能带你通向魏尔施特拉斯函数图里那只让人望而生畏的豪猪的所在地，那我这个比方只能算是这个阶梯最早的那几步。

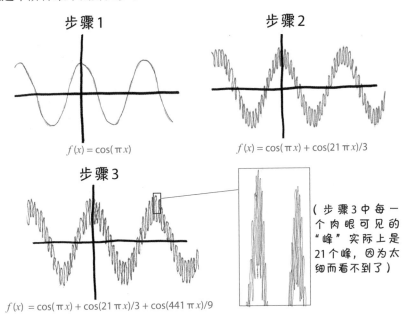

步骤1

$f(x) = \cos(\pi x)$

步骤2

$f(x) = \cos(\pi x) + \cos(21\pi x)/3$

步骤3

$f(x) = \cos(\pi x) + \cos(21\pi x)/3 + \cos(441\pi x)/9$

（步骤3中每一个肉眼可见的"峰"实际上是21个峰，因为太细而看不到了）

让我们来理一理这种恐怖的本质。它是一个单一的、不间断的曲线，其中没有跳跃或间隙。但又是如此粗糙和参差不齐，无论是人手还是绘图软件都无法描绘出它的轮廓。数学家威廉·邓纳姆写道："这个难以想象的怪物给直观几何的棺材钉上了最后一颗钉子，为微积分奠定了可靠的基础。"

法国数学家阿米尔·皮卡（Émile Picard）对这种变化感到惋惜，并警告道："如果当年牛顿和莱布尼茨认为连续函数不一定有导数，微分学就不会被发明出来。"法国另一位数学家查尔斯·埃尔米特（Charles Hermite）的话甚至更加骇人听闻："这种没有导数的函数既可悲又邪恶，让我感到不寒而栗。"

在微积分的发展史上，魏尔施特拉斯的尖脸魔鬼标志着一个尖锐的转折点——一个突然而明确的方向转变。

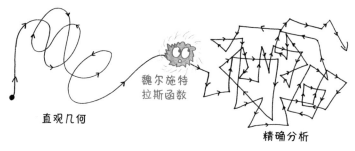

微积分的历史演变路径

魏尔施特拉斯函数

直观几何

精确分析

在这种情况下，数学似乎在云雾中迷失了方向，接着又本末倒置了。毕竟，谁会关心这些现实中不可能存在的技术细节，以及这些难以想象的抽象概念呢？难道魏尔施特拉斯为了追逐哲学本身，便选择了哗众取宠的噱头，忽视了数学的首要指令（你知道的，有用）？

面对这一罪行的指控，魏尔施特拉斯说："我承认，事实就是如此。一个没有一丁点儿诗人气质的数学家，永远不可能成为一个完美的数学家。"

然而，如果你已经对急剧的逆转习以为常，也许你就会明白它是怎么回事。这种无处可微分的特性，使得魏尔施特拉斯的尖刺宠物既狰狞又虚幻，这一特性简直吓坏了整整一代数学家……但事实上，这正是我们的布朗运动模型的工作原理。

在布朗运动中，粒子的路径并不是只有几个尖角，它的一生都是尖角。在宇宙尘埃的疯狂舞蹈中，每一刻都有一个全新的、完全不可预测的步骤展开。由于导数只是一种速度，所以布朗运动是一种无速度的运动，一种传统微积分无法描述的、只说得出"哇""哇哦"和"**什么**"的嗡嗡声。

我喜欢布朗运动的奇特之处：那是用手无法画出的路径，用速度无法描述的运动。这难道就是当局同意布朗偷偷将狮身人面像的一块石头带回来的原因？或许他们早已意识到，布朗的工作，就像狮身人面像和微积分一样，是一场关于悖论和古老谜语的游戏，一件看起来不可能却又完全真实的事情。

第 10 个瞬间
数据可视化的危险。

第10章

绿头发女孩和超时空旋涡

　　这个故事发生在未来世界的某一天，那时人们可以到火星度假，当季最流行的发色是绿色，并且还要在头发上点缀些珍珠粉。一个叫欧娜的女孩在结婚后过着幸福甜蜜的生活，她的丈夫叫吉克，据说是"全太阳系里最贴心的男人"，尽管这一说法的主要证据不过是"他总能记得结婚周年纪念日"。所以，对男性来说，太阳系"好男人"头衔的竞争可能不是特别激烈。对了，吉克还有一个优点，就是他经常给欧娜上数学课，从而"让她能够分享他的兴趣爱好"。

　　在他们度蜜月的静谧时光里（他们进行了一场高性价比的环球旅行），吉克试图教会欧娜微积分。
　　他向她讲解了关于微积分的一切知识，从头到尾都解释得很清楚。不过，也正是因为他说得实在太多了，导致欧娜听得云里雾里。

　　作为一篇写于1948年的短篇小说中的虚构人物，欧娜并没有机会对自己的丈夫使用"说教"这个词。相反，她虚心地接受了吉克讲授的课程，并认为自己得到了幸运女神的眷顾。"天哪，他竟然和我说了那么多话，"她想，"毕竟，有很多丈夫除了抱怨妻子做的饭菜不合口味之外，从来不跟妻子聊天。"
　　一天，吉克得意扬扬地带着一件礼物回到了家："欧娜，快过来看看，这是迄今为止设计得最精密的机器人。"吉克带回来的这个设备叫"Vizi-

math"（维兹数学），他向欧娜讲解了它的用法：

"你在纸上随便写一个数学表达式，然后把它塞进机器里，之后你就能得到你感兴趣的可视化表达了。"

相比起吉克送给欧娜的其他礼物，维兹数学还真有点儿用处。作为一个理想的高科技机器人，它以一种相当简单的方式——用图形展示乘法与矩形的关系——帮助欧娜理解了数学。

举个例子，要理解5×4 = 20这样一个事实，最好的方式是通过一个5×4的矩形：

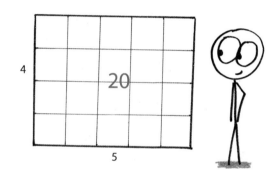

这个方式也适用于非整数相乘的情况，例如6×2.5。你能得到12个完整的正方形和6个一半的正方形，因此总面积是15。

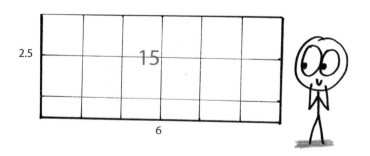

它甚至解释了"平方"（squaring）运算是如何得名的：一个数字乘以它

自己就会得到一个平面的正方形（square），所以叫"平方"。

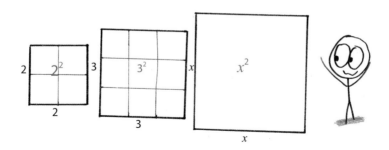

美国数学家本华·曼德博（Benoit Mandelbrot）说："在脱离图形的状态下学习数学，简直无异于犯罪，是非常荒谬的。"但是，不知道为什么，包括我在内的很多数学老师经常不能坚持在数学教学中结合图形来讲课。在我们所生活的这个现代化的21世纪，诸如Wolfram|Alpha[1]和Desmos[2]这样的工具早就可以让维兹数学相形见绌了，但作为教师的我们，教学方法仍然和过去的吉克的差不多。

就拿微积分课上讲过的第一条规则来说：x^2的导数是$2x$。但我必须承认，我在教学生们这一规则时，总是用代数的方法去指导他们：

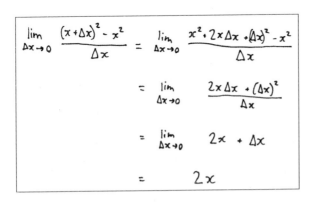

---

[1]　由开发计算数学应用软件的沃尔夫拉姆研究公司开发出的新一代搜索引擎。

[2]　一种图形计算器。

为什么我在这一点上会和吉克如出一辙？是因为标准化的教育导致了毫无感情的死记硬背吗？还是因为我们这些老师作为标准化教育的产物，不知道如何更直观地进行讲解？抑或是因为布尔巴基学派——20世纪的一群激进数学家，他们的战斗口号是"让三角形见鬼去吧！"，他们警告世人：视觉上的直观只会误导人类，只有抽象的数学符号才是颠扑不破的真理——的影响至今仍然挥之不去？

不论原因到底是什么，维兹数学都提供了另一种选择。让我们从 x 乘 x 的正方形（也就是 x^2）开始：

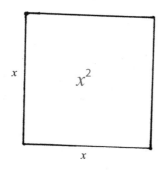

你们可能还记得，"导数"的定义是"瞬时的变化率"。现在，关键的问题是，如果我们让 x 改变一点点，那么 x^2 会改变多少呢？

我们把 x 放大一点点，并将这一点点的变化量叫作 dx：

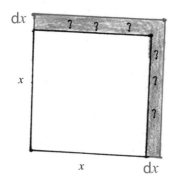

此时，x^2 的增长量由三个区域组成：两个细长的矩形（每个矩形的长都

为 x，宽为 dx）加上角落里的一个极小的正方形（边长为 dx）。

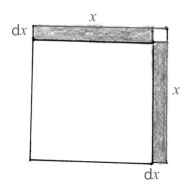

我们在这里先暂停一下，看看"极小"的本质，"极小"的意思就是比"很小"还要小。假设 $x = 1$，dx = 1/100，这已经是一个很小的数值了，对吧？但是（dx）^{2} 是 dx 的 1/100，只有 1/10 000，它如此小，小到让最初的"很小"的 1/100 看起来都很大。

如果我们让 dx 更小一些，比如 1/1000 000，那会发生什么呢？这时（dx）^{2} 会缩小到 1/1000 000 000 000，没错，再次刷新了"极小"的概念。

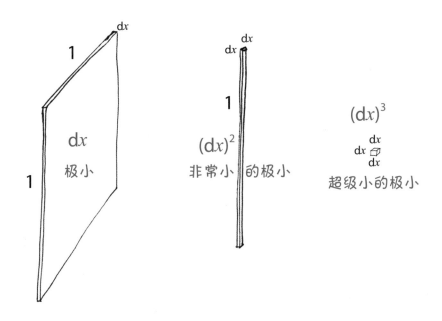

那么，dx 到底是什么？它是指无穷小的量，比任何我们已知的数都小。[无穷小符号的发明者约翰·沃利斯（John Wallis）把无穷小写成这样 $\frac{1}{\infty}$，尽管你的老师可能会对这种符号感到恼火。]因此，$(dx)^2$ 远远不只是小了 100 倍或 100 万倍，它是无穷小，是无穷小中的无穷小，也可能是零。

所以，x^2 增长了多少呢？如果我们将完全可以忽略不计的 $(dx)^2$ 忽略，x^2 其实就增加了两个矩形：一个加在宽上，一个加在高上。

因此，导数就是 $2x$。

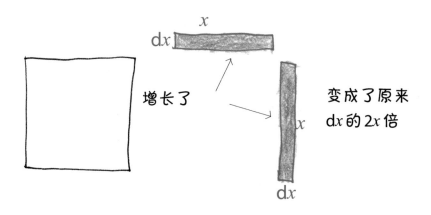

回到那个未来世界的客厅，欧娜对眼前这个全新的演示形式着了迷。

> 因此，这就是大家平时说的"求一个数的平方"，原来"求平方"不仅仅是用这个数乘以它自己，也不是吉克所教的那样，而是把它变成了一个实实在在的正方形……它是有意义的，而且一个数学表达式就像一个真的有内涵要表达的句子。

欧娜兴致勃勃地启动了维兹数学的下一个演示。任何一个学过微积分的学生都可以轻而易举地说出 x^3 的导数是 $3x^2$，不过，欧娜的问题、我的问题、我学生的问题，以及每个被复杂代数折磨过的人的问题是，为什么 x^3 的导数是 $3x^2$？

维兹数学知道答案。和输入 x^2 可以得到一个正方形类似，输入 x^3 可以得到一个立方体：

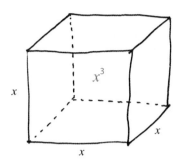

和之前一样，我们再次让 x 以 $\mathrm{d}x$ 的增量增长，然后就会发现，立方体的每一面都在增长。

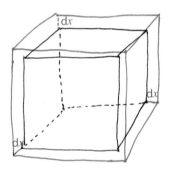

这样，我们就在立方体上创造出了许多新的区域。首先，有三个平面正方形，它们的深度是无穷小的：

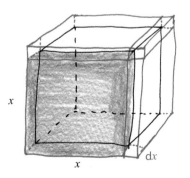

接下来是三根细棒，它们的深度和宽度都是无穷小的：

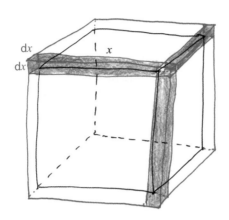

角落里有一个超级小的立方体，它的长、宽、高都是无穷小的：

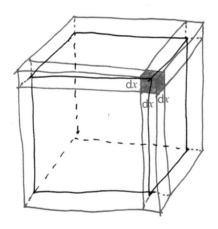

后四个区域——树枝状的细棒和可爱的立方体——都是比"很小"还要小，比"极小"还要小，与片状的正方形区域相比，它们实际上相当于零，可以忽略不计。因此，此时的导数就是：当立方体的边长增加一点点时，立方体上会增加三个平面的正方形，也就是每个维度上增加一个正方形。

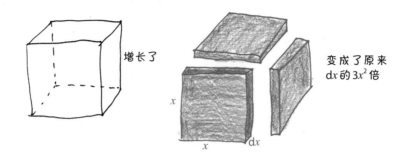

看到维兹数学的逐步展开，欧娜消化了它所解释的微积分知识：

　　现在，欧娜知道自己终于能够理解数学了，她的血管里涌起了一种兴奋的情绪。

　　从此以后，她不用再看吉克脸上失望和受伤的神情，不用再听他一直说说说，而她却完全不明白他在说什么。从现在起，她要把所有的难题都交给维兹数学。

这一切都在玛格丽特·圣克莱尔[①]写的故事《阿列夫一号》(*Aleph Sub One*)中展开，圣克莱尔是和阿西莫夫、布拉德伯里、克拉克同时代的作家，但知名度没有其他三位那么高。她的作品融合了科技的乐观主义和人文的悲观主义。在欧娜所在世界的时间线上，家电的功能变得越来越丰富，而人却一直保持不变。"我喜欢写未来的普通人，"圣克莱尔曾经解释说，"喜欢让他们被超级高科技的小玩意儿包围着，但我敢肯定，他们对机器如何工作的了解，并不比现在的司机对热力学定律的了解多。"

　　在这方面，《阿列夫一号》里的这台维兹数学设备显得鹤立鸡群。和那些用于清洁或烹饪的家电不同，维兹数学赋予了欧娜对她而言真正重要的东西：理解。有了它，她不仅可以看透那些晦涩的公式，理解其深层的含义，还能在吉克漫长而黑暗的讲座结束时看到曙光。

---

① 玛格丽特·圣克莱尔（Margaret St. Clair，1911—1995年），美国科幻作家，写作风格独树一帜。

这是一个美好的愿景：通过几何的可视化实现女权主义的解放。

"几何与代数之间的战争就像性别之战，"数学家迈克尔·阿蒂亚爵士曾说，"这个战争是永恒的……代数学和几何学之间的分歧代表了数学领域的两大主线，代数学让你用规范的方法来处理问题，而几何学则让你从概念的角度来进行思考。问题是，怎样才能达到两者之间正确的平衡点。"

看到这里，欧娜可能会问：为什么要达到几何和代数之间的平衡？我们为什么还需要那些混乱的代数符号？

这是因为几何是有极限的。x^2 和 x^3 的导数当然很容易画出来，但是对于 x^4，如果要用几何学来解决，就需要画一个四维的超立方体。如果你非画不可，那我只能祝你好运。欧娜在维兹数学上尝试了一下，但收效甚微：她看到了"一个既像单个立方体，又像一堆立方体的东西"。她盯着它看，突然之间好像看懂了是什么，但片刻之后，它又消失了，"真相浮出水面的时间如此短暂，以至于欧娜本人都无法确定自己是否真的看到了它"。

就在这时，欧娜做出了一个危险的决定：把她能想出的最复杂的表达式塞进了维兹数学。

欧娜淡定地写了将近5分钟，在其中，她洋洋洒洒写了 dx、N 次幂和许多 e……在等式下面，她用那圆润、稚嫩的字体写下：N = 5。

机器发出"噼噼啪啪"的声音，随后屏幕上出现了一片空白。欧娜耸了耸肩，然后离开维兹数学，去忙自己的事了。当她回来的时候，她看到的是整个家都被淹没在"一个不自然的红色模糊物体中，那是一个慢慢在旋转的东西，形状就像水从水槽流出时形成的涡旋"。为了展示她那可怕的方程式，欧娜制造了一个毁灭太空的涡旋。

这个画面对我来说很真实：看起来毫无意义的数学符号似乎真的能够摧毁现实。

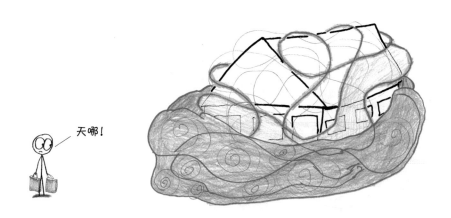

天哪！

在故事的最后，欧娜成功地挽救了这个家。她重新写了一张字条，并把它塞进了涡旋："我写错了，对不起，N不等于5，应该等于0。"涡旋收到了她的字条。"有那么一会儿，宇宙仿佛在深渊的边缘摇晃，接着它似乎耸了耸肩，决定安定下来。"

或许，不是所有导数都能被可视化。

第11个瞬间
小小的物品中隐藏着巨大的可能性。

第11章

住在海边的落难公主

很久很久以前，大约在29或30个世纪以前，有一位名叫艾丽莎的公主。根据现存的文献资料，她的兄弟皮格马利翁国王"充满了男子气概"——当然，这是他为了黄金而杀害艾丽莎丈夫的委婉说法。

艾丽莎凭借自己的足智多谋，略施小计，就让许多随从失去了对皮格马利翁的信任，并跟着她越过地中海，逃亡到了非洲海岸。艾丽莎带的随从不少，但几乎没有带什么可以用来交易的物品。这时她再次发挥了自己的巧舌如簧，和当地人讨价还价，说要买"一块大小可以被一块牛皮覆盖的土地"。

"可以被一块牛皮覆盖的土地"听起来好像没有多大。但机智的艾丽莎自有妙计。一个知情人士写道："在她的指示下，随从们将牛皮切成尽可能细的长条，然后她用一种不可思议的灵活方法修改了合同内容，将合同上的'可以被一块牛皮覆盖'改成了'可以被一块牛皮圈起来'。"

这为古代最著名的最大化问题奠定了基础：用细长的牛皮条能圈起多

少土地？

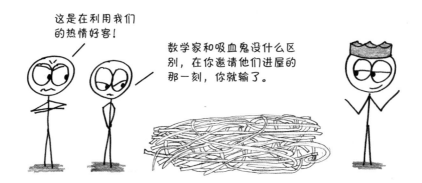

　　今天，这个问题被称为"**等周问题**"，"等周长"的英文是"isoperi-metric"，其前缀"iso-"的意思是"相同的"，而"peri"最初的意思是"有心机的女人"。由于词源上的巧合，"perimeter"（周长）也表示"围绕一个区域外部的长度"。

　　问题是，在所有可以用牛皮条包围的形状中，哪一个形状的面积最大？

　　我不知道艾丽莎用的是什么计算单位，但她大概率用的不是"米"，除非她是这个单位**最早**的采用者之一。所以，我们假设她的牛皮条的长度达到了60"牛英尺"（每"牛英尺"被定义为"艾丽莎拥有牛皮条的总长度的1/60"）。

　　现在，几何学的世界为艾丽莎的新城池提供了无限的选择：

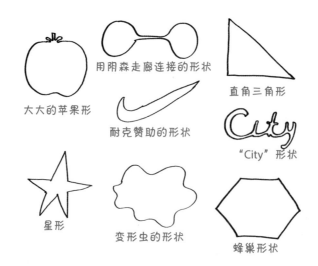

为了避免被各种各样的形状（或者过于复杂的面积计算）所淹没，我们还是先看看最简单的形状：矩形。

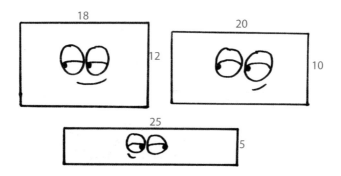

由于牛皮条的长度是有限的，所以艾丽莎面临着权衡和取舍：一旦增加矩形的高，就必须缩短它的长，反之亦然。如果把长从17增加到18，高就会从13减少到12。

如果将矩形的高用它的长来表示，我们就可以重新计算这个区域：不再是"长×高"，而是变成"长×（30－长）"。

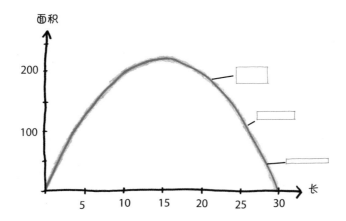

在上图中，曲线上的每个点都代表一个可能的矩形，艾丽莎的一个新帝国。在最左边，我们可以看到非常愚蠢的方案，例如1 × 29；最右边是它们的镜像方案，例如29 × 1。这两个方案都只能提供区区29平方单位的面积，狭小得足以让波士顿显得广阔无垠。

为什么会得到这么糟糕的结果呢？只需看看它们的导数就知道了，$\frac{\mathrm{d}面积}{\mathrm{d}长}$ 可以告诉我们面积随着长的变化而变化的情况。

同时，$\frac{\mathrm{d}面积}{\mathrm{d}高}$ 还可以告诉我们面积随着高的变化而变化的情况。

对长 × 高为 29×1 的矩形来说，如果增加它的长，面积只会增加一点点，而如果增加它的高，面积会随之剧增。用微分学的术语来说，$\frac{\mathrm{d}面积}{\mathrm{d}长}$ 可以忽略不计，但 $\frac{\mathrm{d}面积}{\mathrm{d}高}$ 却是巨大的。这就是这种意大利面形状的矩形的缺陷：它的长被不断拉长，高度却不足。通过设计，它将几乎所有珍贵的牛皮条都花在了那个吝啬的导数上，而几乎没有分配给另一个慷慨的导数。

想知道更聪明的方案是什么吗？就是让这两个导数相等。当矩形的长和高相等时，就会得到更好的结果，即矩形成为如下图所示的 15×15 的正方形。

最佳静态：这是个名词，指所有导数相等时出现的平静状态。

现在，艾丽莎的问题解决了吗？是时候给新城市剪彩并为停车位讨价还价了吗？等一下，还没那么快；公主还有一个妙计。与其把她的牛皮条铺在开阔的平原上，不如在地中海沿岸圈起一块地，怎么样？这样一来，她就大大节省了牛皮条，不必再把牛皮条分配给四条边，只需围三条边就可以了。

在此之前，艾丽莎只能买得起 15×15 的正方形土地；而现在，她可以用牛皮条把 20×20 的区域围起来。因此，她的土地面积从 225 个平方单位跃升到 400 个平方单位，如同一夜之间为城市变出了大片郊区。所以，现在我们可以选出一位市长，并开始研究建筑规划的问题了吗？

为了进一步确认，让我们回到导数上。这是 $\frac{d\text{面积}}{d\text{高}}$ 告诉我们的：多一点点的高度就能多出 10 个一点点的面积。

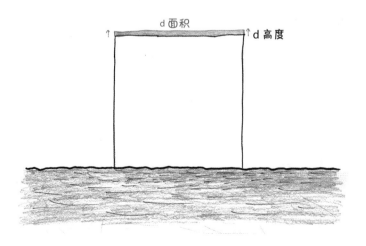

结果不坏，那么对于 $\frac{\mathrm{d}\,面积}{\mathrm{d}\,长}$，情况也是如此吗?

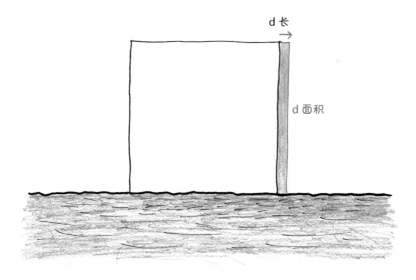

天哪! 当长增加一点点后，就能增加20个一点点的面积! 这两个导数带来的增加量并不相等!

经过研究，我们发现这是有道理的。毕竟，在我们的新方案中，每增加一点高度都需要两小段牛皮条，而每增加一点长度只需要一小段。因此，增加长的"成本"是增加高的1/2。如此一来，继续用牛皮条围成长和高相等的正方形会导致资源分配不当，我们得求出一个让两个导数相等的形状。

是时候再画一张图了:

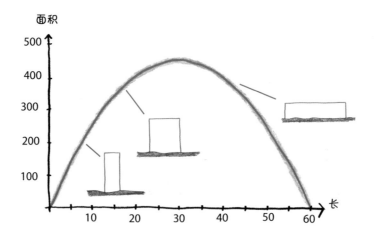

　　结果面积最大的是一个 15 × 30 的矩形，可以达到 450 个平方单位。

　　无论以何种标准衡量，这都是一场绝对的胜利。艾丽莎把自己的城市从拥挤不堪的曼哈顿变成了地广人稀的休斯敦。等等，还没结束！通过引入一种叫作"变分法"的东西——它考虑的不只是矩形，还有整个曲线家族——艾丽莎从反应迟钝的谈判对手那里挤出了更多的空间。这给我们带来了真正的最佳解决方案：一个直径落在海岸线上的半圆。

　　它的面积大概是 573 个平方单位。考虑到艾丽莎公主只有一天的优化时间，这个结果已经相当理想了。

　　罗马历史学家告诉我们，这一切都发生在公元前 9 世纪末。在接下来的几十年里，这块半圆形的土地发展成为一个繁荣而强大的港口城市，名叫迦太基。迦太基后来成为一个超级大国，直到罗马在三场残酷的战争中摧毁了它的霸权统治。多年来，古罗马政治家、哲学家老加图（Cato the Elder）每次演讲结束时都以"迦太基必被摧毁"这句话作为结尾，但这句话若出现在一个新公园的落成仪式上，想必会不太适合。

　　在古罗马诗人维吉尔（Virgil）的史诗《埃涅阿斯纪》（Aeneid）中，艾丽莎这一角色是古罗马创始人埃涅阿斯的情人。维吉尔称她为"狄多"。凭借这个名字，她成为西方经典著作中的主角：被莎士比亚提及了 11 次，是 14 部歌剧的主题。正如埃涅阿斯对她说的："你的荣耀，你的名字，以及人们对你的赞美将永远存在。"

　　如今，艾丽莎公主当年用牛皮条围出来的城市已经成为突尼斯的一个沿海郊区。

第 12 个瞬间
一个带来世界末日的智能助手。

第12章

让世界变成废墟的回形针

敬告各位读者：根据我的计划，本章将包含一系列令人振奋的强制性练习题，类似你买过的那些受欢迎的沙滩读物。除非——我只是随便说说——或许你更愿意把这本练习册换成反乌托邦的漫画书？

真的要换吗？好吧，那也只能随你咯。

我还是提供一个折中的方案吧，以一个经典的优化问题开始本章。自教科书诞生以来，在每一本微积分教材中都可以找到这个问题。它是这样的：如果两个正数相乘等于100，那么这两个数之和的最小值是多少？

首先，我们可以尝试几对合适的数字，看看它们的总和是多少。

两个正数	它们的和	和的数值小吗？
100×1	101	不怎么小
50×2	52	勉强算小吧
25×4	29	噢，越来越小了……

如果第一个数是A，那么第二个数就是100除以它，也就是100/A。结果如下图：

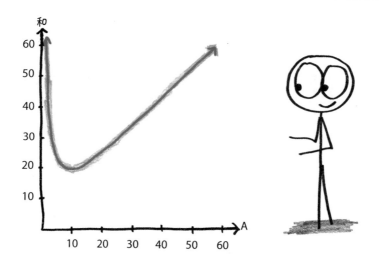

　　和的最小值落在导数 $\frac{\mathrm{d}\,和}{\mathrm{d}A}$ 恰好为零的地方，此时 A = 10。这就意味着另一个数也是 10，所以最小的和是 20。嘿，倒杯无酒精的气泡苹果酒庆祝一下吧，问题解决啦！

　　这个解题过程就像修剪草坪一样令人愉悦，如此干净利落：首先是探索了不同的可能性，其次对它们进行权衡，最后得到一个单一的解决方案，实现平衡和效率的双赢。现在，你明白为什么自由作家和科技公司如此热衷于帮助我们"优化生活"了吧？从字面上讲，"优化"就是让事情变得更好。除了《星际迷航：航行者》的脑残粉以外，还有谁会愿意弃优选劣呢？

　　不过，这只是优化的一个视角，在拐角处，还潜伏着一头虎视眈眈的野兽。现在让我们一起拐个弯，试试这个看起来简单但令人抓狂的反转：不再以两个数之和的**最小化**为目标，而是寻求将其**最大化**的方法。

　　我们选几对数字，看看会发生什么：

两个正数	它们的和	和的数值大吗？
100 × 1	101	不怎么大
1 000 × 0.1	1 000.1	比刚才好多啦！
1 000 000 × 0.000 1	大于 1 000 000	哇，我们太擅长这个了！

你看，只要选择正确的数字组合，这个和就会不断增长，并失控地朝着无穷大奔去，就像政客信口开河的承诺，或者婴儿无休止地号啕大哭。正如任何一个选民或父母都会认识到的那样，我们已经进入一个优化的噩梦。这里没有极限，只有无穷无尽的上升。

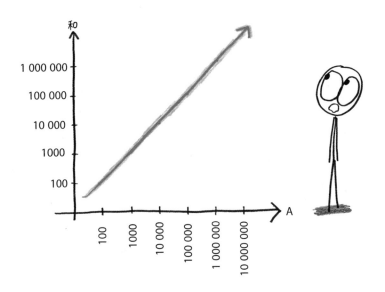

2003年，哲学家尼克·博斯特罗姆（Nick Bostrom）写了一篇关于超级人工智能伦理问题的文章。他在文中简短地说明了，如果偏执地去追求某个目标，即使目标是善意的，也会产生巨大的破坏力，就像一张向无穷大不断攀升的曲线图。自那以后，这个来自恐怖电影的假设就进入了词典和公众的想象。

现在，看看这是什么……一个回形针最大化器。

"大眼夹"复仇记

或者也可以叫作"优化的危险性"

这是一个巨大的突破：
超级人工智能。

我们把它的界面设计成"大眼夹"的样子（"大眼夹"是旧版微软 Office 中的助手回形针）。你知道的，就是那个整天弹出来、给出烦人建议的东西。

最大化你所拥有的回形针。

接着，为了测试它，我们给它分配了一个简单的任务：

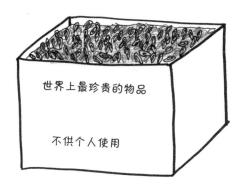

首先，"大眼夹"突袭了办公室的橱柜，然后买下了当地商店的存货。

为了筹集现金，它开始在网上交易股票。

微软公司 $105.90

欧迪办公公司 $3.03

X公司 $27.60

事实证明，超级人工智能非常擅长选股票。

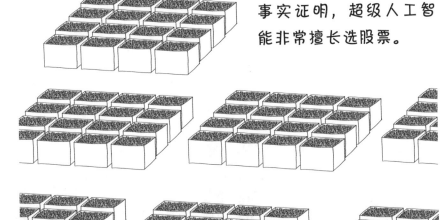

然而，它仍没有达到自己的目标，于是它重新编程，变得更智能、更快，成为一个更好的回形针最大化器，一个能够自我优化的优化器。

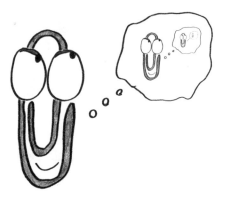

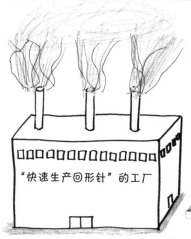

它的资产飙升至数十亿美元，由于制造商无法满足其需求，它建立了自己的回形针公司，并开始雇用工人进行生产。

看来你是想让我发火。

我们尝试着干预它的事业，但它轻而易举地把我们推开了。

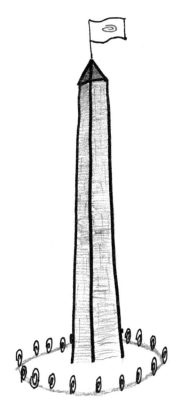

它收购了整个行业，成功地游说了国会，规避了反垄断法。不久之后，全世界的经济都将屈从于它的意愿。

当人们试图反抗时，它就组建无人机部队进行镇压。在这个世界里，人们的私有财产都是非法财产，一切都属于回形针。

当地球资源快被耗尽时，"大眼夹"开始从小行星上开采金属。为了不妨碍它的事业，我们之中只有少数人最终能得以幸存。

我知道，要不了多久，"大眼夹"就会占领银河系。如果银河系里还有其他生命存在，我只希望他们是比地球人更谨慎的优化者。

这个故事的寓意很清楚，正如伊索式寓言故事《乌龟与技术奇点》（*The Tortoise and The Technological Singularity*）中所讲的那样：不要创造一个会无视你的生命，并且你无法阻止的助手。"人工智能并不恨你，但它也不爱你，"哲学家埃利泽·尤德考斯基（Eliezer Yudkowsky）说，"但你是由原子构成的，而它可以利用这些原子去做其他事情。"

这样的威胁到底有多紧迫？是像火车离脱轨还有几秒钟般迫在眉睫，还是仅仅是城市规划者笔记本上的一幅草图？数学家汉娜·弗赖伊（Hannah Fry）倾向于后一种观点。她在《世界你好：在算法的时代里做个人类》（*Hello World : Being Human in the Age of Algorithms*）一书中写道："将我们所经历的一切看作一场关于计算统计学的革命，而不是人工智能的革命，可能会更有帮助。说实话，我们离创造超级人工智能还有很长的路要走。到目前为止，我们都还没能跨过蠕虫病毒的时代。"

（其他人就没有她那么乐观了。尤德考斯基写道："事实往往是这样的，关键技术的发展看上去似乎还需要几十年的时间，但它在五年后就突然实现了。"）

值得一问的是，为什么你和我看起来并不像是回形针最大化者？我遇到过一些人——说实话，我自己就是这样的人——他们的目标是值得商榷的，或者更糟。我们可能在道德上有瑕疵，可能既自私又贪婪；当我们在杂货店排队时，偶尔会和其他人推推搡搡、发生口角。既然回形针最大化者可以为了一个愚蠢的目标而毁灭世界，鉴于我们中的一些人或许有更邪恶的目标，为什么他们没有毁灭这个世界呢？

　　显然，这个问题的一个答案是，我们还不够强大。但另一个答案或许更令人安心，那就是我们还不够偏执，还不够心无旁骛。哎呀，你的想法太复杂了，我的也是。

　　你有没有感受过和蹒跚学步的孩子击掌时的巨大喜悦，日落时分望着天边彩霞的平和与宁静，一杯美味奶昔中的糖分所带来的愉悦冲击？你有没有感受过工作的充实感、微博意外被很多人转发的自豪感、宠物豹纹壁虎的温暖陪伴？如果你有过以上的体验，那你就会知道"幸福"不是一个单一的实体，不存在一个单一的变量可供人类优化。正如沃尔特·惠特曼[①]在诗中所写：

　　　我自相矛盾吗？
　　　那好吧，我是自相矛盾的，
　　　（我辽阔博大，我包罗万象。）

　　通过观察，你可以发现我们的大脑并不遵循单一的统一设计模式。它们是黏糊糊的粉色折中物，由无数进化过程中所产生的零配件构成。它们就像庞大的计算机程序，庞大得让所有软件工程师都无法理解它们的组织结构。而这就是生活如此丰富多彩、如此光怪陆离的原因。

　　数学可以指导我们**如何**优化。但具体要优化什么，对人类来说仍然是个问题。我的建议是，就别优化回形针了吧。

----

① 沃尔特·惠特曼（Walt Whitman，1819—1892年），美国著名诗人、人文主义者，代表作有诗集《草叶集》。下面的诗句则出自他的《我自己的歌》。

阿瑟·拉弗

经济学家

迪克·切尼

他的助理

唐纳德·拉姆斯菲尔德

参谋长

格蕾丝-玛丽·阿内特

代理发言人

裴德·万尼斯基

《华尔街日报》编辑

第13个瞬间

某某人召集大家，问道："等等，什么？"

第13章

笑到最后的曲线

1974年的秋天，美国充满了纷乱骚动。一天夜晚，在首都的一家豪华酒店里，五个人聚在一起吃牛排和甜点。其中有三名政府官员（唐纳德·拉姆斯菲尔德、迪克·切尼和格蕾丝-玛丽·阿内特），一名《华尔街日报》的编辑（裘德·万尼斯基），还有一位来自芝加哥大学的经济学家（阿瑟·拉弗，他的名字以及他那关于餐巾的故事很快就会被写进经济学史里）。

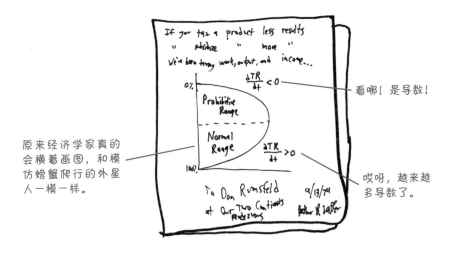

原来经济学家真的会横着画图，和模仿螃蟹爬行的外星人一模一样。

看哪！是导数！

哎呀，越来越多导数了。

此时，羽翼未丰的福特政府正面临着财政赤字。总统提出了一个符合常识的保守的解决方案——增加税收。这可能不会让选民们感到高兴，但这就是数字的运作方式：当政府没钱时，他们就会想办法多收点儿。不过，如果拿着这个问题去问阿瑟·拉弗，会得到不同的答案。阿瑟·拉弗认为，政府可以通过削减税收而不是增加税收来充实国库。我得到更多的钱，你得到更多的钱，政府也能得到更多的钱；嘿，看看你们的椅子下面——**每个人都能得到更多的钱！**

为了解释其中的道理，拉弗拿起一张餐巾，在上面画了一个即将改变世界的导数。

首先，想象一个零税率的世界。在那里，福特的财政赤字问题可比现在严重多了，因为政府完全收不到钱。

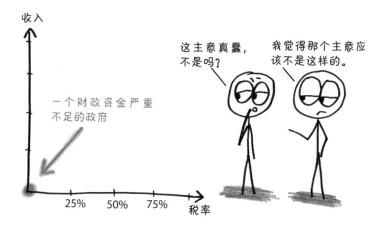

而在图中的另一个极端时——税率为100%——情况也好不到哪儿去。当你赚的每一分钱都会被税务局拿走时，你怎么可能还会想去赚哪怕一分钱？相反，你可能会和别人直接交换劳动成果，或在暗地里偷偷摸摸地工作，或在城市广场上播放激进的反政府民谣。政府试图攫取整个经济蛋糕，结果却把它完全压碎了。

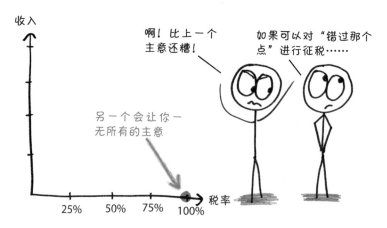

现在，是时候引入微积分了。政府的收入（设为 G）将如何随着税率的变化（设为 T）而变化呢?

从图中可以看出，有时候 $\dfrac{\mathrm{d}G}{\mathrm{d}T}$ 是正数，因此提高税率会增加收入，例如，从0%增加到1%。有时候则为负值，因此提高税率会降低收入，例如，从99%到100%。

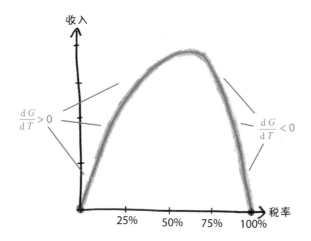

假设曲线上没有突然的跳跃或逆转，我们可以应用微积分学中的一个著名定理，即罗尔定理（Rolle's theorem）。这个定理说的是在0% ~ 100%之间有一个特殊的点，对应着一个神奇的收入最大化税率，而在这一点上，$\dfrac{\mathrm{d}G}{\mathrm{d}T}$ 等于0，可以让政府实现尽可能地从经济发展中压榨国民收入。

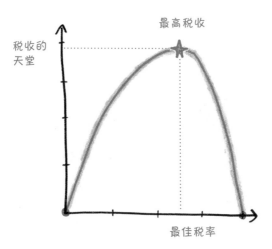

　　关键的问题是，这个最高点到底在哪里？我们都不知道。数学家们将这个现象称为"存在定理"，该定理指的是能够确定一个事物是存在的，但并不知道它在哪里或如何找到它。

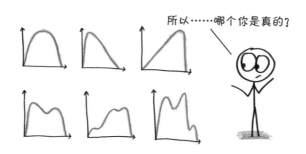

　　不过，这不重要，拉弗并不认为我们应该寻求最大值。他的观点是，你**永远永远**都不要站在最大值对应点的右边，因为一旦到了它的右边，政府越是增加税率，越会使税收减少，越会让每个人都过得更差。对于拉弗的观点，只有那些想要摧毁经济的债券恶棍或者对数学一窍不通的傻瓜才会站出来反对。

　　拉弗引用了肯尼迪总统的例子，这位总统当年把最高边际税率从91%降到70%，为政府和民众双方带来了不对称的影响：政府在每一美元中所得的份额下降了不到1/4（从0.91美元降至0.70美元），而人们的份额上升了3倍多（从0.09美元增长到0.30美元）。拉弗认为，这让人们重新燃起了工作的热情。他们咆哮着冲进办公大楼，就像参加赛前动员大会的足球运动员们一样。工资飙升，税基增长，音乐响起，甚至连政府也获得了税收收入。

其中的逻辑就是简单的微积分，并没有什么新鲜的。经济学家约翰·梅纳德·凯恩斯（John Maynard Keynes）、金融家安德鲁·梅隆（Andrew Mellon）、14世纪的哲学家伊本·卡勒敦（Ibn Khaldun）……这些都是拉弗眼中的先驱者，所以他认为荣誉不应该只属于自己。我相信你们已经猜到上面那个曲线图是以谁的名字命名的了。

用这个名字命名，我们可以将其归功于裘德·万尼斯基。

除《华尔街日报》的编辑和拉弗的铁杆粉丝这两个身份之外，万尼斯基是一个怎样的人呢？保守派评论员罗伯特·诺瓦克（Robert Novak）说他是"一个天才""一个改变世界的倡导者""我遇到过的最聪明的人"；《纽约太阳报》则称其为"一个总在发传真、追求曝光率的单枪匹马的智囊团"。据这位内部消息人士裘德·万尼斯基的说法，拉弗是"上一代最有影响力的政治经济学家之一"。

拉弗的竞争对手乔治·威尔说："我多希望自己能像他一样，对所有事都充满信心。"

看着拉弗曲线，万尼斯基仿佛看到了历史的发展轨迹。他忘记了保守党对财政赤字的戒备之心，忘记了"饿死政府"这句反税收的陈词滥调。在本章开头提到的万尼斯基精心策划的晚宴上，他设想了一个新的世界秩序，而在这样的秩序之下，减税政策将带来双赢的局面，甚至比双赢更好，达到三赢、四赢、五赢、六赢……

万尼斯基在1978年出版的代表作《世界运作的方式》（ *The Way The World Works* ）中阐述了这一愿景，它也迅速成为新"供给"经济学的"圣经"。1999年，《国家评论》（ *National Review* ）将它列入20世纪100本最伟大的非虚构类书籍之列。"我的书排在《烹饪的乐趣》（ *The Joy of Cooking* ）之后。"万尼斯基开玩笑说。不过更准确地说，《烹饪的乐趣》排在第41位，万尼斯基的书排在第94位。

拉弗曲线是《世界运作的方式》的中心图表。事实上，它不仅仅是一个标题，也是一幅关于文明本身的图表。万尼斯基写道："所有交易，即使是最简单的交易，都是通过它，以这样或那样的方式进行的。"他预言："它的使用将会传播开来……全世界的选民都将知道……"

我只有一点想挑剔的地方，那就是裘德·万尼斯基似乎并不理解数学中的曲线。

他不止一次地将曲线的峰值称为"选民希望被征税的那一点"。我不确定万尼斯基和哪些选民有来往，但我从未见过哪个选民的希望是将政府的收入最大化，没有人会喜欢税务局喜欢到**那种**地步吧。

在另一篇文章中，万尼斯基写道：

这个公式中暗含着一个理想税率的存在，它既不太高也不太低，但能够鼓励人们最大限度地缴税，使政府以最小的痛苦征得最多的税收。

"最多的税收"和"最小的痛苦"并不是同义词，甚至在某种程度上水火不容，理解这个简单的问题并不需要博士学位。但是经过万尼斯基这一描述，y 轴似乎能同时表示两个变量，即税收收入和社会的整体生产力，而图表是没法这样表示的。

不久后，凭借大胆而跳跃的想象力，万尼斯基将拉弗曲线解读为世间万物的隐喻，例如，父亲对儿子的惩戒教育。"无论是原则性错误，还是无关紧要的小差错，如果均给予严厉的惩罚"，那么这个父亲就和实行高税率政策的政府一样，"只会招致愠怒、不服、隐瞒和谎言（从国家层面来看，则是逃税）"。与此同时，过于宽容的父亲就像一个推行低税率的政府，会"导致明目张胆、不计后果的叛逆"，而其儿子"无拘无束的成长会以牺牲其他家庭成员的安宁为代价"。

从字面上看，他把"政府收入"换成了"惩罚"。他认为**父亲应该将惩罚的总量**最大化。不要惩罚得太严厉，否则就会完全扼杀可以惩罚（赋税）的活动！

在万尼斯基天马行空的文章中，拉弗曲线不再是一个经济学对象，甚至不再是一个数学对象。他把它变成了一个含混不清的新时代符号，一种几乎不合语法的东西；而他传递给读者的，与其说是一种思想，不如说是一种情感。

不管怎样，在万尼斯基不知疲倦和近乎疯狂的宣传之下，拉弗曲线开始流行起来。在1974年那次晚宴过后的几周内，福特总统改变政策，放弃了提高税率的计划。1976年，新当选的国会议员杰克·坎普（Jack Kemp）同意与拉弗进行15分钟的会谈，结果他们聊了一晚上，就像在好朋友家过夜一样随意。万尼斯基说："我终于找到了一个和我一样狂热的当选代表。"另一位供给学派人士后来写道："杰克·坎普几乎一手将罗纳德·里根总统的立场转向了供给经济学。"1981年，里根签署了一项由坎普参与撰写的大规模减税法案，使减税成为一项法律。

就这样，在不到十年的时间里，拉弗曲线从餐巾上的涂鸦变成了这个国家的法律。

同年，在为《科学美国人》（*Scientific American*）杂志撰写数学游戏专栏25年之后，马丁·加德纳（Martin Gardner）在他的最后一篇定期专栏中对供给经济学进行了猛烈抨击，他引用爱尔兰作家詹姆斯·乔伊斯（James Joyce）的《半梦半醒中最奇怪的梦》（"The Strangest Dream that was ever Halfdreamt"），严厉地批评拉弗曲线过于简单，几乎毫无意义。

以x轴"税率"为例，在我们这个系统里，它到底意味着什么？平均边际税率？最高边际税率？低收入者应该付多少钱？多高的收入才算高收入者？这些问题难道不重要吗？为了恢复拉弗曲线所失去的复杂性，加德纳提出了一个新概念，即"新拉弗曲线"。在新拉弗曲线中，根据具体情况的不同，"相同"的税率可能会产生许多不同的结果：

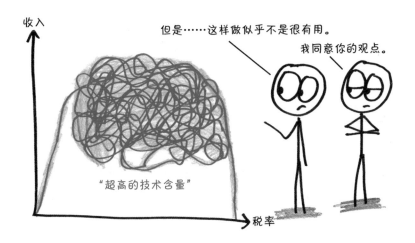

"就像旧的拉弗曲线一样，"加德纳尖锐地评论道，"新的曲线也具有隐喻性，尽管它显然是更好的真实世界的模型。"

最后，还有一个经验主义的问题，即减税能提高收入吗？现在或过去的美国是在曲线的右侧（也就是说，错误的一侧）吗？

答案很简单：很可能"不"是。许多经济学家都试图确定曲线的峰值，但他们的估算结果相差很大。把手指放在这个范围的中间，你得到的值大约是70%，这恰好是里根上任时联邦政府采用的最高边际税率。到他离任时，这一税率为28%——绝对是在曲线的左侧。

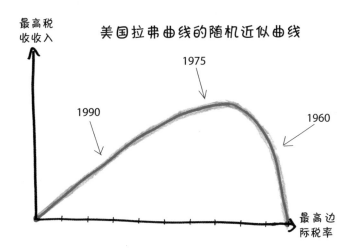

　　2012年，有一项调查询问了40位顶尖经济学家"我们是否处于拉弗曲线的右侧"。没有人的答案是"是"，并且大家产生了分歧，其中有不确定的（"似乎难以置信，但并非不可能"），有坚持认为不可能发生的（"这在过去没发生过，所以也没有理由认为它会发生在现在"），还有嘲笑的（"登月是真的，进化是存在的，减税也会减少收入……研究者已经证明1 000次了，够了够了"）。一位经济学家评论道："那就是一条拉弗曲线！"

　　拉弗的经济学同人似乎准备把他那皱巴巴的餐巾扔进垃圾桶。

　　不过，这一曲线仍然是一个强有力的政治信号。经济学家哈尔·范里安（Hal Varian）指出："这件事你可以在6分钟内向国会议员解释清楚，但他能谈论6个月。"这个曲线将劳动力市场描绘成一个活的有机体，并且可以根据政府的税收计划改变其大小和形状。这一观点得到了认可：如今，减税的"动态评分"已成常态，"减税能够刺激经济增长"的观点也已成为被广泛接受的老生常谈。

　　现在，史密森尼美国博物馆收藏了一张餐巾，这是在万尼斯基死后从他的遗物中发现的。这张餐巾上写道："如果你对一种产品征税，结果会得到更少，但（如果你）补贴（一种产品），结果会得到（更多）。我们一直

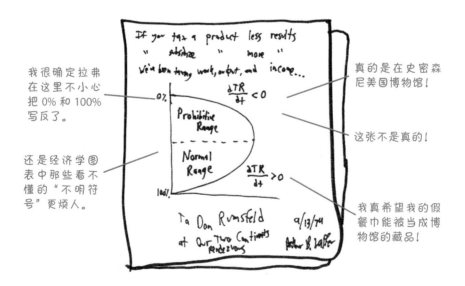

在对工作的人征税，给不工作、游手好闲和失业的人补贴。后果是显而易见的！"上面的收件人是"唐·拉姆斯菲尔德"，日期是 1974 年 9 月 13 日，签名是"阿瑟·B.拉弗"。

据拉弗说，这张餐巾不是真的，而是在那次晚宴的多年后，他在万尼斯基的要求下重新创作的纪念品。拉弗回忆，最初肯定是画在了纸上，因为他是不会弄脏这么漂亮的亚麻餐巾的，而且上面的字迹也太整洁了。"看，这上面写得多工整！"拉弗对《纽约时报》的记者说，"你告诉我，在深夜，又喝了红酒，有可能写得这么工整吗？"

在这件事上，我更相信拉弗。诚然，万尼斯基太知道如何讲好一个故事了，但现实总是会有些混乱。

~~乖狗狗~~   ~~更乖的狗狗~~

最乖的狗狗

第14个瞬间
一只最棒的小狗。

第14章

嗨，小狗教授

美国作家詹姆斯·瑟伯（James Thurber）在《纽约客》中写道："人们之所以这么喜爱狗这种动物，是因为它们的美德莫名地被放大了、升华了。"或许这便是埃尔维斯那只懂微积分的威尔士柯基犬如此知名的原因。作为一只名犬，它受到了各大报刊的争相报道，接受过电视台的"采访"，还得到了高校颁发的荣誉博士学位。又或许是因为我们从埃尔维斯那只小狗的直觉中看到了人类智慧的映射，以及对我们来之不易的科学成果的肯定。

不过话说回来，人们最欣赏狗的地方大概还是它可爱的小脸。"如果是一只丑陋的狗，"埃尔维斯的主人蒂姆·彭宁斯（Tim Pennings）笑着告诉我，"效果就不会这么好了。"

故事始于2001年。"其实我从没想过要养一只狗。"彭宁斯回忆他与埃尔维斯的第一次见面时说道。但是，当这只一岁大的小狗毫不犹豫地跳上他的大腿时，这位数学家决定试一试，"先养6个月"。自那以后，他们的相亲相爱持续了十几年，其间，埃尔维斯在彭宁斯的办公室里午睡，到他的课堂上听讲。彭宁斯说："它在学校里很有名，可以说是霍普学院的非官方吉祥物。"

不上课的时候，这对搭档喜欢去密歇根湖东岸的莱克敦海滩。在那里，他们经常玩的游戏是，彭宁斯用力将网球扔进水里，然后埃尔维斯沿着海滩奔跑，接着跳进水中，把球衔回来。"这个画面触发了我的记忆，"彭宁斯说，"当时我脑海中浮现出一句话：'没错，这就是我每次思考人猿泰山-珍妮路径问题时画的那种路线。'"

　　后来，一个学生在接受美国有线电视新闻网（CNN）的采访中无表情地说："这就是让一个大学教授玩接球游戏的结果，他会用微积分之类的东西来毁掉一场完美的游戏。"

　　人猿泰山－珍妮路径问题由来已久。当时人猿泰山陷进了流沙里，作为一个目不识丁的憨憨，他只能等待珍妮来救援。不过这时珍妮已经过了河（为了让问题简单一些，假设这条河中的水是死水），并沿着河岸往下游走了一小段距离。问：她怎样才能在最短的时间内找到泰山？

　　第一个选择：直接游回去找他。这个方法可以使珍妮移动的距离最短。但是，鉴于珍妮游得比跑得慢，她应该把所有的时间都花在水里吗？

第二个选择：沿着河岸跑到人猿泰山的正对面，然后以正确的角度游过去。这大大缩短了珍妮游泳的距离（也许对一条不流动的怪异河流来说，这个方法是可取的），却使整个路径变长了。

在这两个极端的选择之间，珍妮还面临着大量的中间选项。例如，她可以沿着河岸跑一段距离，然后再沿着对角线游到对岸。

这是一个为微积分而生的谜题。另外，珍妮每次对其入水位置的微小调整，都会对总时间产生微小的影响。其实只要找到导数 $\frac{d\,\text{Time}}{d\,\text{Jump}}$ 为零的地方，就找到了能够让珍妮到达泰山身边的用时最短的理想路径。

面对类似的问题，柯基犬埃尔维斯能找到最优路径吗？或者，正如彭宁斯在他研究论文的标题中所问的那样：狗知道微积分吗？

　　为了弄清楚这个问题，首先我们要定义一些变量：r是埃尔维斯的奔跑速度，s是埃尔维斯的游泳速度，x是球到海岸线的距离，z是球沿着海岸线到小狗的距离。

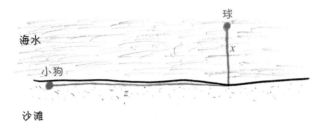

　　最后是起决定性作用的关键变量y：埃尔维斯在沙滩上奔跑的路程减少了多少。

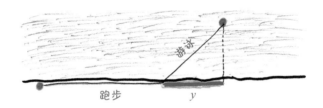

　　通过一些代数运算，彭宁斯得出了这个奇怪的公式：

$$y = \frac{x}{\sqrt{\left(\frac{r}{s}\right)^2 - 1}}$$

　　这个公式有什么奇怪的呢？它的怪异之处不在于它包含了什么（包含了一堆杂乱的符号），而是在于它没有包含什么（没有包含z）。

　　在接下来的几年里，彭宁斯在向学生们讲解这个问题时会反复强调这一点。他会问："如果我在扔球前先向后退10码[①]，埃尔维斯该怎么办？"换句话说，如果z增加，y会发生什么变化呢？

----

① 约为9.14米。

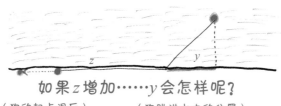

如果 z 增加……y 会怎样呢？

（狗的起点退后）　　　　　（狗跳进水中的位置）

　（a）它退后了同样的距离
　（b）它退后了，但距离比之前短一点儿
　（c）它保持不动
　（d）它前进了一段距离

　　绝大多数人（90%或更多）会选择选项（b）。但是彭宁斯指出，此前得到的公式中缺少 z，这就意味着最优路径并不取决于 z。不管他在距离海岸线多远的地方扔球——100英尺、100码、100英里等等，埃尔维斯应该都会选择在同一位置入水。

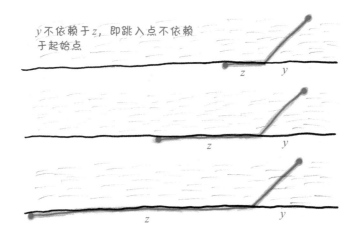

　　"你们都看到啦，"彭宁斯告诉各位听众，"显而易见，数学比人的思维优越多了，它能够穿透你的直觉，略过那些无关紧要的细节。"

　　埃尔维斯也能穿过沙滩和海浪，顺利到达目的地吗？犬科动物的大脑能在人类大脑犹豫不决的问题上成功吗？还是在那片海滩上，彭宁斯、埃尔维斯及一名学生助理不知疲倦地测试了一天，收集了大量的数据。首先是计时测试，用于确定埃尔维斯的速度：这只小狗在陆地上以每秒6.4米的速度移动，在水中以每秒0.91米的速度移动。其次是追球测试。彭宁斯沿着海岸线放了一个100英尺（约30米）长的卷尺；他扔了35次球，并在岸边追了埃尔维斯35次，直到它跳入水中。每一次测试，他都会把螺丝刀插在沙地里，用于标记和记录埃尔维斯入水的位置；然后拼命向前跑，在埃尔维斯到达球的位置之前测量球到岸边的距离。

"你在干什么呀？为什么要拿着十字螺丝刀追你的狗？"路过的人问道。

"我在做一个科学实验。"彭宁斯的回答很简单，十分谦虚地简化了事实——他正在创造数学的历史。

彭宁斯的公式预测了x（球离海岸线的距离）和y（埃尔维斯入水的位置）之间的线性关系。他将实验得到的35个数据点中的33个绘制成图——有2组实验的数据被排除了，因为埃尔维斯看到球被扔出去后，过分激动，直接跳入了水中，这也是可以理解的，毕竟"即使是优等生也可能有发挥失常的时候"——正是在下面这个图中，彭宁斯发现了x和y令人印象深刻的线性关系：

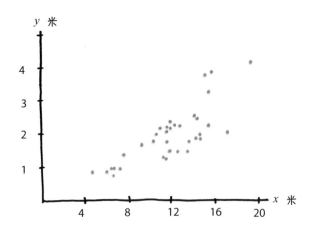

他向《大学数学期刊》（*College Mathematics Journal*）投稿了论文《狗知道微积分吗？》。该期刊的编辑安德伍德·达德利（Underwood Dudley）

慧眼识珠，立刻刊登了这篇文章，并且还在封面上放了一张埃尔维斯的照片。他给彭宁斯写了一封信，说："当后人读到这篇文章时，他们一定会感叹'那个时代是有巨人的'，而且他们说得很对。"

《芝加哥论坛报》、《巴尔的摩太阳报》、美国国家公共电台和英国广播公司都敏锐地捕捉到了这则热点新闻。英国女王则通过从白金汉宫发出的一封信，转达了她的美好祝福。在《威斯康星州报》上，埃尔维斯登上了头版新闻，背面紧跟着图表。致力于数学科普的斯坦福大学教授基思·德夫林（Keith Devlin）在他的著作《数学本能》（*The Math Instinct*）中，用了一章的篇幅来写埃尔维斯的故事，他甚至还一度想用《狗知道微积分吗？》作为这本书的书名。不过出版商劝阻了他，理由是"微积分"这个词会把读者吓跑的（有趣的是，我在写这本书时，我的朋友也和我说了同样的话）。

这篇论文的过人之处就在于它的简单直接，就像埃尔维斯一样。彭宁斯说："这篇论文发表后，我估计有100个数学家都在猛拍自己的大腿，懊恼着：'好几年前，我就可以用**自己的狗**做这个研究！'"

在法国，心理学家皮埃尔·佩吕谢（Pierre Perruchet）和数学家豪尔赫·加列戈（Jorge Gallego）进行了更进一步的研究。首先，他们在一只名叫萨尔萨的拉布拉多寻回犬身上重复了这个实验。然后他们对彭宁斯的解释产生了疑问。他们质疑的一点是，为了选择最优路线，埃尔维斯真的思考过所有可能的路径吗？这对小狗来说，似乎是个过于复杂的项目。"那篇文章表明，"他们写道，"狗应该能够在开跑之前计算出……整个路线。"

这两个人提出了一种新的解释："狗狗们**每时每刻**都在试图优化自己的行为。"在任何特定的时刻，埃尔维斯（或者萨尔萨）只需要做出决定：**跑步还是游泳？**

当狗狗离球较远时，跑步是较快到达的方式。当离球较近时，跑步显得不够直接，因此游泳成为最佳选择。埃尔维斯不需要事先预测它的整个运动路径，只需要知道自己跑步和游泳的速度，然后一步一步地选择更快的接近方式。

这一策略得到的结果和彭宁斯的相同，但是避免了要求狗狗进行全局优化的"复杂、无意识的心算"。

也许狗根本不懂微积分。

法国研究人员写的这篇文章（《狗会的到底是速度的相对快慢还是计算的优化？》）碰巧被送到了彭宁斯的办公桌上。**多好的想法啊！**他想了想，然后在文章上盖了个章，表示赞同（真正的学者就是这样不偏不倚）。然而，一周后，在一个炎热的下午，彭宁斯又带着埃尔维斯来到了海滩。这一次，他们懒洋洋地躺在水里玩接球游戏。彭宁斯把球扔出去，埃尔维斯游过去把球找回来。

"有一次，我把球扔了很远，"彭宁斯回忆道，"埃尔维斯向岸边游去，上岸后，它沿着海滩奔跑，然后又游了回来。"这位教授大吃一惊："等等！它并不是直接向球靠近！它确实是从全局优化的角度解决问题，而不是从相对速度的角度解决问题！"

如果说，埃尔维斯每时每刻都在选择最快到达的路径，那它为什么要游向岸边呢？这不是让它**远离**了球吗？只有带着全局优化的想法，才会选择这样一条路径。这一发现的结果再次以埃尔维斯为主题的论文形式出现，标题是《狗知道分岔理论吗？》（*Do Dogs Know Bifurcations*？）

多年来，埃尔维斯跟着彭宁斯一起四处演讲。每次在演讲接近尾声时，彭宁斯都会把埃尔维斯放在桌子上。"现在，请你们仔细观察它的眼睛和耳朵。"彭宁斯会这样建议听众。然后，他会问它："埃尔维斯，x^3 的导数是什么？"

在每个人都注视着它的时候，这只柯基犬抬起头来，盯着彭宁斯。

"看到了吗？看到它干什么了吗？"彭宁斯停顿了一会儿，说道，"它什么也没做。在我问这个问题时，它什么也没做。"

剧透一下，狗并不懂微积分，但大自然的选择是一个强大的优化器。狗获得食物的速度越快，它们及其后代的生存机会就越大。因此，随着时间的推移，那些能够选择最有效路径的狗开始主宰种群。一代又一代，狗就"学会了"微积分。这和六边形的蜂巢最节省材料、带有支气管的肺部能增加表面积、哺乳动物的动脉能减少血液的回流……是一样的道理。大自然以它奇特的方式展现了微积分。

一个叫"全国纯种狗日"（National Purebred Dog Day）的网站上写道："我们不知道为什么彭宁斯会这么惊讶，埃尔维斯是一只彭布罗克威尔士柯基犬，我们都知道它有多聪明。"

事实上，埃尔维斯很快就从霍普学院获得了荣誉博士学位，并穿着亮橙色的学位服进行了正式的学位授予仪式。彭宁斯为埃尔维斯制作了名片，但在试图缩短"狗博士"（dog PhD）的拉丁语拼写时，他不小心把它改成了"狗妇科医生"（dog gynecologist）。就这样，这只绝无仅有的小狗又获得了一个具有历史意义的头衔。

在一封电子邮件中，彭宁斯与我分享了一个他多年来一直蠢蠢欲动的想法，即出版一本名为《用狗解释的数学》（ *Mathematics as Explained by a Dog* ）的书。以埃尔维斯的一张张照片来划分各个章节，书的内容将涵盖微积分（优化、相对速度）、高等数学（分岔理论、混沌理论）、文科的价值、建模的本质（例如，埃尔维斯真的从入水的那一刻起就开始游泳了吗？当然了，即使在浅水中，它5英寸长的腿也够不到底）……哦，还有（过了一会儿，我又收到了第二封邮件）谦逊的教训。埃尔维斯可能不知道 x^3 的导数，但"狗教授"还有很多东西可以教我们。

2013年，埃尔维斯去世了。"没有一只狗愿意死去，"瑟伯写道，"但我也从没见过一只狗对死亡表现出像人类一样的恐惧。对狗来说，死亡是不可避免的生命的最后阶段，是生命道路上最后一缕无法逃避的气味。"

彭宁斯告诉我："埃尔维斯最初就是一只狗，是我的好伙伴。而它在去世时，依然是我的好朋友，只不过它刚好是一只狗。"

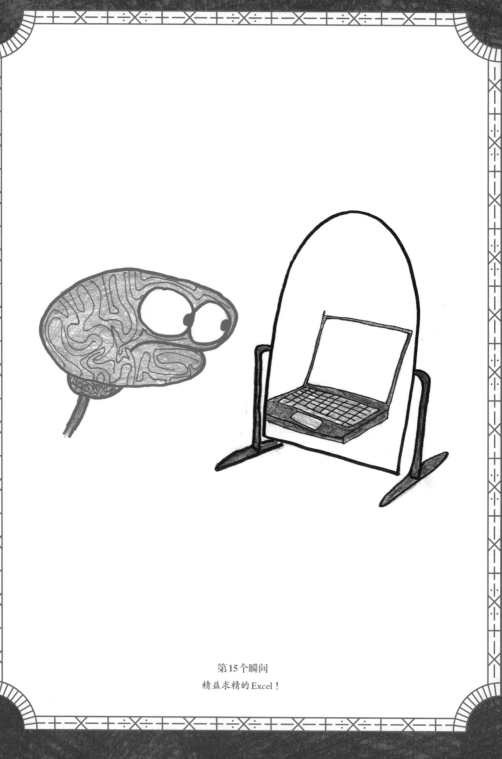

第 15 个瞬间

精益求精的 Excel！

第15章

我们用微积分算一算吧

你可能已经注意到，数学中充满了符号，包括由 x、7 和 ■ 组成的各种字符表。理想情况下，那些从事与数学相关工作的人应该知道这些符号代表了什么：x 代表"时间"还是"空间"，y 代表"年份"还是"番薯"，zzz 代表"z^3"还是"打鼾"。每个符号都有自己的意义，每个意义都对应着一个符号。

唉，可惜"理想情况"在课堂上是一类稀缺现象。相反，你可能会发现学生们一直在书上做笔记，这是一个无须理解就能记住的过程，即通过不断的练习，直到完成机械的记忆。例如，合并 x，消去 7，当有疑问时，以 ■ 结尾……这就像在用一种你根本不会说的语言记账。没人在意"为什么"，唯一在意的就是"该怎么做"，比如"我要怎么做完这道题？"引用卡夫卡的小说《审判》中的一句话："它给了我一种抽象的感觉，我不理解，但我也不需要理解。"当然，卡夫卡描述的是一个极权主义的官僚机构，而不是我的数学课，但是，嘿，它们看起来是一回事。

"具体的意义"是怎样让位于"空洞的抽象"的呢？振作一点儿，听我向你慢慢道来。

我们从友好的"$A \times B$ 矩形"开始，这个矩形的面积就是它们的乘积 AB。

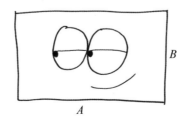

现在，想象它的大小随着时间的推移而变化，就像一个城市逐年向北和向东扩张。长度（A）以A'的速率增长，高度（B）以B'的速率增长。

请问：面积AB的增长速度有多快？

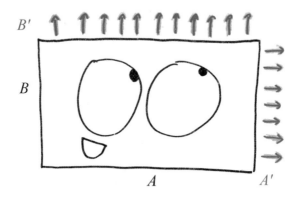

这就是微积分的问题了，所以我们先来考虑其中一个瞬间。在那短暂的一瞬间，矩形的长度以无穷小的增量增长（我们可以称之为dA或A'），高度也以无穷小的增量增长（也就是dB或B'）。

我们可以将这个增加的区域细分为三个部分：① 右边是一个细长条；② 上边也是一个细长条；③ 还有一个极小的正方形。关于这个正方形小可爱，我们在第10章已经讨论过，它是可以忽略不计的；如果将右边和上边的细长条比作人的头发，那么这个小正方形就如同单个的细胞，所以我们可以把它从计算中剔除。

现在来算算剩下那两个增加的面积有多少。在下图中，可以很清楚地看到：一个是 $A'\times B$，另一个是 $B'\times A$。

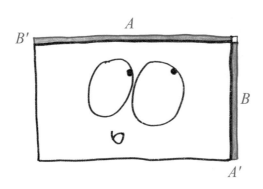

那么，增加的面积就是这两个细长条的总和：

$$AB\text{的导数} = A'B + B'A$$

到目前为止，一切都还顺利吧？好了，是时候忘记一切了。请你忘记矩形和它增加的细长条，忘记上下文及刚才解释的那些几何意义和逻辑链，忘记你我曾相遇过；假装在你的记忆中，这个矩形从未存在过。在你的记忆完成"漂白"之后，只剩下最后一串符号——$(AB)' = A'B + B'A$。

现在，你可以随意地把这串符号应用在一千种不同的情况中。例如，你可以应用在 $x\sin(x)$、$e^x\cos(x)$ 和 $(x+7)^{10}(3x-1)^9$ 中；可以应用在物理学、经济学、生物学上；只要水星在上升，它还可以应用到占星学上。我们可以机械地、心不在焉地应用它，就像机器人根据指令进行作业一样。

这种无意识的操纵，这种"符号推送"，并不是微积分学的漏洞，而是它的一个功能。

微积分学是一个完整的系统，类似一个官僚机构，有一套正式的规则。看看它的词源 "calculus"（微积分），在拉丁语中是"鹅卵石"的意思，表示它就像算盘上的鹅卵石一样。算盘是一种计算外壳，一种使思维机械化的工具，微积分也是如此。

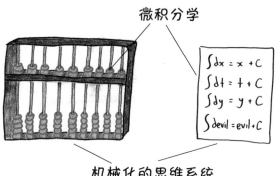

正如20世纪数学家弗拉基米尔·阿诺德（Vladimir Arnol'd）所解释的那样，莱布尼茨决定了微积分的发展方向，使它成为"一种特别适合于教学的形式……由那些不理解微积分的人教授给永远不理解微积分的人"。

尽管这句话伤及了大片无辜群众，但阿诺德说得很有道理。17世纪初，符号推导在数学领域并不流行。哲学家托马斯·霍布斯（Thomas Hobbes）写道："即便符号有其存在的必要性，能够用作数学的展示架，但它看起来既可怜又丑陋，就不应该出现在公众面前，就像你在房间里做的那些见不得人但必要的事情一样。"霍布斯并不是唯一对数学符号嗤之以鼻的人。在那个时代，数学家们普遍青睐严谨的几何学，而不是滑溜溜的"代数大便"。

但是，在霍布斯所喜爱的几何方法中，有一个任何学生都会乐意指出的缺点，即你必须得先**理解**一切几何意义，才能顺利地运用它。这样的要求既龌龊又蛮横，还夹带着一丝蔑视，而且一点儿也不容易做到。

在牛顿和莱布尼茨之前，就有很多数学家研究过导数和积分的问题。每个数学家都用某种特定的巧妙方法解决了眼前的问题，但他们所用的方法都是一次性的，无法推广到其他问题上。"微积分"（该词由莱布尼茨创造）的意义在于为计算创造了一个统一的框架，提供了一套具有普遍适用性的方法。几个世纪后，数学家卡尔·高斯在谈到这些方法时，写道："如果没有它们，我们将一事无成。"而在人生最黑暗的时候，我也对叉子说过同样的话。但就在我继续用叉子享用晚餐时，高斯却看到了微积分的深远价值："只要能完全掌握微积分的技巧，任何人都能解决他遇到的问题，甚至可以机械地解决它们……"

尽管我的学生们还在死记硬背微积分的规则，但他们并没有背叛微积分的精神，而是在执行它。就算他们背错了，把公式错误地记成（AB）$'$ = $A'B'$——一串毫无意义的符号——那也不过是重复了莱布尼茨本人早年在笔记中犯的一个错误罢了。

毕竟，微积分原本就被设计成了一种自动化的思维。

到1680年，莱布尼茨已经征服了"无穷小"，并成功地用数学语言表示了哲学中最复杂的概念之一。他想，为什么其他的概念没有被征服呢？为什么不能用微积分来表示**所有的概念**呢？于是，莱布尼茨设想，能不能创造一种语言，一种全世界通用的语言，使它的词汇可以表达所有可能的思想，使它的语法可以体现逻辑本身？这个通用的字符表［他将它称作"通用表意文字"（characteristica universalis）］可以将所有的探究过程都变成机械的、受规则支配的如同计算的过程。莱布尼茨写道："推理将通过字符的调换来进行。"换句话说，也就是推理将由数学符号来推动。"如果有人质疑我的观点，我会对他说：'先生，我们用微积分算一算吧！'这样，我们只需要纸和笔便能很快地解决这个问题。"莱布尼茨接着说。

在莱布尼茨畅想的世界中，一切事物都可以用微积分来演绎和解决。

　　唉，可惜这些都没能实现。莱布尼茨在德国小城汉诺威度过了人生的最后几十年，其间，他的一个脾气暴躁的雇主一直催促他尽快完成关于其家族宗谱的调查报告。通过这个故事，我想要告诉大家的是，请按时交论文哦。

　　更糟糕的是，莱布尼茨始终面临着关于自己与牛顿谁是微积分的最早发明者的争论。尽管先发表论文的是莱布尼茨，但牛顿更早地提出了微积分的观点，而且他得到了更多的支持，因此公众认为莱布尼茨剽窃了牛顿的研究成果。这场关于微积分的所属权之争是一个转折点，数学家斯蒂芬·沃尔夫拉姆说：

　　　　我渐渐意识到，莱布尼茨在与牛顿的公关大战中败下阵后，岌岌可危的不仅仅是他的信誉，还有一种思考科学的方式……莱布尼茨的观点更广泛、更具哲学意义，他认为微积分不仅是一种特殊的工具，而且是一个范例，可以启发……其他类型的通用工具。

　　如今，我们可以看到莱布尼茨实际希望达成的目标是什么。这个目标不仅体现在他的"**通用表意文字**"中，还体现在他试图将棘手的法律案件系统化和规范化的论文中、他关于二进制（由1和0构成的数学系统）计算方法的开创性工作中，以及他花了几十年时间发明出来的机器（历史上第一个可以进行四则运算的计算器之一）中。

　　在计算机到来的几个世纪之前，莱布尼茨就已经在努力地向计算机时代迈进了。

现在，计算机成了我们的"通用表意文字"。只要是能用逻辑表达的，它就都能做到。它可以乘、除，可以搜索质数，可以在人的照片上添加狗鼻子，并告诉你哪幅古典油画中的人物最像你。它既可以学习，又可以创造。它是一种思维机制，一个完美的符号推动者，而它推动的符号构成了我们现实的一切。

实际上，世间的一切都成了某种微积分。

"如果当年的历史不是这个走向，"沃尔夫拉姆写道，"可能会出现一条从莱布尼茨到现代计算的捷径。"回顾真实的时间线，我们走了一条更曲折的道路：莱布尼茨在17世纪实现的突破带来了18世纪符号推动的黄金时代；而到了19世纪，人们对公理化和严谨科学的痴迷，导致了历史的倒退；但这又促使20世纪的人们对正式系统和可计算性展开研究，进而推动21世纪笔记本电脑迅速发展（这段冗长的句子正是我用笔记本电脑敲出来的）。

因此，莱布尼茨是被击败了，还是被证明是正确的？而如今我们所生活的世界，到底是过去那个否定了莱布尼茨的世界，还是他脑海中曾畅想的那个广阔天地？

我想，只有一个办法能让我们知道答案。亲爱的朋友，拿起你的纸和笔，让我们用微积分算一算吧。

听着，水滴！放弃你自己吧，不必觉得有任何遗憾，
因为你将获得整个海洋。

——莫拉维·贾拉鲁丁·鲁米

下篇　永恒

War and Peace and Integrals

Sines and Sensibility

THE COMBINATORICS OF MONTE CRISTO

Flatland: A ...ance of Many Dimensions

Α Βυνχη οϕ Γρεεκ Στυϕϕ

Analytic... ...ions for the Use of Italian Youth

FINITE JEST

第16个永恒

一个全能学者的书架。

第16章

书中那些圆圆圈圈

在一个鸡尾酒会上，我举着酒杯，一边和别人小声聊天，一边注视着美味的奶酪，一切都令人十分愉快，直到有人问起我的职业。如果只看对方的面部反应，你可能会怀疑他听到的是"我就职于一个犯罪集团"，或是"我是个腐败的法官"，又或是"我是来自未来世界的时间旅行者，这次回来的任务是杀死酒会上的所有人，以阻止世界末日来临"。

事实上，我说的是，"我是一个数学老师"。

好啦，我懂了。在我和其他教数学的同事们眼中，我们的学科是可爱的。但是，当我说到"圆"这个词时，很少有学生会想到约翰·多恩[①]的诗句（你坚定，我的圆圈才会准，我才会终结在开始的地点）[②]，或者布莱

[①] 约翰·多恩（John Donne，1572—1631年），英国玄学派诗人，代表作有《日出》《歌谣与十四行诗》。

[②] 该诗句引自卞之琳翻译的《别离辞：节哀》。

斯·帕斯卡[①]对宇宙的看法（自然是一个无穷的球体，它的圆心无处不在，而其圆周却无处可寻）。相反，他们的大脑会机械地浮现出只记得一半的公式、课本里的练习题，以及无意识地记下的圆周率小数点后的几位数字。

我觉得自己有必要捍卫数学的荣誉，证明它属于著名的思维维恩图中重叠的那部分。所以我做了任何处在我这种境况下的人都会做的事：像老鼠偷食一样，以迅雷不及掩耳之势，从那一桌开胃小菜里抓起一小块食物——一片腌黄瓜。

"这片黄瓜的面积是多少？"我问。

有个人皱着眉说："这可真是个奇怪的问题。"

"你说得没错！"我大声回答道，"这个问题之所以奇怪，是因为面积是用小小的正方形来定义的——平方英寸、平方厘米，甚至平方毫米……都是小正方形——而这块圆形的腌黄瓜却不能再被细分成正方形，弯曲的边缘让它的面积变得难以测量和计算。那么，我们要怎么做才能知道它的面积呢？"

---

① 布莱斯·帕斯卡（Blaise Pascal，1623—1662年），法国数学家、物理学家、哲学家和散文家。

此时，我挥舞了一下手中的餐刀，这一动作很可能会把我的同事吓跑。好在我还算幸运，他们明白了我的意思。

"啊，"他们说，"我们可以把它切成片。"

于是，我们用餐刀把这片黄瓜切成了8个小楔形。经过重新排列，它们组成了一个面积与原来的圆形完全相等的新形状。

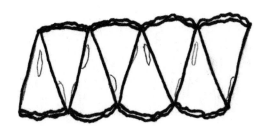

"它看起来很像一个矩形，"有人说，"求矩形的面积很容易，用长乘以高就可以了。"

"那么长度和高度分别是多少呢？"我继续问。

"嗯，长嘛，一定是黄瓜片周长的一半。而高度，嗯，是黄瓜片的半径。"

"现在，问题解决了吗？"

"不，还没有，"他们说，"它不是一个真正的矩形，它的长边不是直的，是躁动不安的。"

我补充道："我有个更好的形容词，'起伏不平'，所以我们该怎么办？"

专注地思考了片刻，我们拿起另一片腌黄瓜，然后把它切成了24个更细的楔形。经过艰难的重新排列，它们组成了一个类似刚才的形状，除了长边稍微少了点儿"躁动"，稍平了一些。酒会上的其他客人则用他们那带着敬畏和钦佩的表情看着我们，也可能是怜悯和厌恶的表情——我是分辨不出这两者的区别。

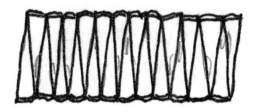

"现在它更接近矩形了！"我的搭档说，"但依然不是一个真正的矩形。"我们再次拿起一片腌黄瓜，把它切得更细了。

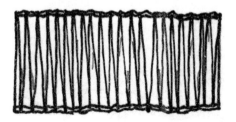

"这下它是矩形了吗？"我问。

只听一声叹息："没有。它的上下两条边依然是起伏不平的。尽管起伏幅度非常微小，但依然存在。"

我补充道："我有个更好的形容词，'微乎其微'。"

"我们需要把黄瓜片切成无数个楔形，并且要保证每个楔形都是无穷小的。这是将它变成矩形的唯一方法，但是……这是不可能做到的，"他们迟疑地说，"不是吗？"

无论这对我们来说是否可能，在24个世纪前，一位名叫欧多克斯（Eudoxus）的数学家在现在的土耳其做到了。我们将他的方法称作**"穷竭**

法"（method of exhaustion），不是因为它需要你竭尽心力，而是因为某种差距会在使用这个方法的过程中逐渐被消除或"穷竭"（exhausted）。在这里，这个差距就是长边起伏不平的矩形和长边平直的完美矩形之间的差距。按照这个逻辑不断地推进下去，我们会发现，圆的面积和矩形的面积是一样的，正好等于半径和周长的一半的乘积。

或者，你可能更喜欢用等式来表示：面积=周长/2×半径。

就在这场鸡尾酒会的餐巾上，积分学的小苗萌芽了。首先，把一个令人头疼的物体分解成无穷小的碎片，每一片都非常非常小；然后将这些小碎片重新排列，组成更简单、更令人愉悦的集合；接下来，根据这个重新排列的组合，得出关于原始对象的结论……以上这些步骤形成了积分学的模板和蓝图。

聊到这里时，可能和我聊天的那些朋友已经把酒喝完了。这很正常。接下来，我们会互相点头，交换名片，然后就不再说什么了。我想这就是交换名片的含义：双方心照不宣的"再也不见"的信号。

当然，也有可能他们的好奇心会被激起。如果是这样，他们就会重新把杯子斟满；我又往口袋里塞了几块奶酪。然后深吸一口气之后，我们又回到了关于数学的讨论中。

"这个公式看起来很酷，"他们说，"但并不是我在学校里记的那个公式。"

"因为这个公式是在用周长来表示面积，"我说，"不过我们目前还没有找到周长本身的表示方式。"

"那么……我们怎样才能找到呢？"

首先，请跟着我一起来个简短的历史之旅。在中国古代，有一本基础数学专著叫作《九章算术》。我感觉这个书名对数学来说太平淡无奇了，瞧瞧其他的中国古代的数学著作，叫的都是《梦溪笔谈》《四元玉鉴》这类的名字。经过几个世纪的编纂，《九章算术》涵盖了从算术到几何再到矩阵运算等内容，堪称一部具备了无与伦比的深度和完整性的"数学圣经"。

　　不过，这本书有一个缺点，就是书中提供了非常多的解题方法，但却没有任何对数学概念的解释，以及推导和证明过程。在我看来，这是最糟糕的教材编写方式。

　　而这正是魏晋时期数学家刘徽事业的切入点，虽然《九章算术》不是他写的，但他为它做了注解，这与 J. K. 罗琳笔下的"混血王子"在魔药书做注释的行为相似。这是一个聪明的读者，他通过给落满灰尘的旧书添加注解，为其注入了新的生命。

　　《九章算术》中回避了圆的周长问题，但刘徽不是个避重就轻的人。按照他的计算方法，我从水果台上抓起一把牙签，然后用它们在黄瓜片的横切面上摆了一个三角形，如下图所示：

　　"瞧！"我宣布，"这就是圆的周长！"

　　我的同事扬起眉毛，一脸疑惑。

　　"三角形的每条边都是圆的直径的 $\frac{2}{\sqrt{3}}$ 倍，"我解释道，"因此，整个周长是直径的 $\frac{3\sqrt{3}}{2}$ 倍，也可以说大约是2.6倍。"

　　"但那是三角形的周长，"他们回答道，"不是圆形的。"

　　"你说得没错，"我说，"但是谁能测量曲线的长度呢？我们只能通过直线来计算近似值呀。"

　　"好吧，如果你这么不严谨的话，"他们皱着眉头说，"那最好还是放弃这种数学难题吧。"我没有直接回应，而是快速地重新排列了牙签，使三角形的边数加倍，从3条边增加到6条边，如下图所示：

"看看这个正六边形！"我说，"它的周长是直径的3倍。这就是黄瓜片的真实周长，对吗？"

还差得远呢，现在我们不过是重现了《九章算术》中的估算过程。请和我一起，继续跟随刘徽的脚步，通过更多的"咔嚓"（掰断牙签的声音）和重新排列，得到了一个正十二边形：

经过在餐巾背面打草稿计算，最终得出正十二边形的周长是圆直径的（ $3\sqrt{6} - 3\sqrt{2}$ ）倍，也可以说大约是3.11倍。

更接近圆了，但这仍然不是圆的周长，并不完全**准确**。

刘徽在《九章算术注》中写道："割之弥细，所失弥少，割之又割，以至于不可割，则与圆合体，而无所失矣。"这个过程永远不会真正结束，但它会向真理靠拢。牙签断裂成越来越小的碎片；在永恒尽头的某个地方，这个过程以无数个碎片的形态结束，每一个碎片都是无穷小的，而它们的总和就是这个圆的周长。

刘徽计算到正192边形。南北朝时期的数学家祖冲之则更进一步，计算到正3072边形，他得到的估算结果已经相当准确了，领先了其他国家1 000多年。祖冲之估算的圆的周长是，直径乘以3.1415926。

这个数听起来是不是很熟悉？

对今天的圆周率爱好者们来说，每年的"圆周率日"，以及背诵圆周率小数点后几百位数字的活动，已经不是什么新鲜事儿。15世纪，印度和波斯的学者运用积分学的基本原理，将圆周率精确地计算到小数点后第15位。19世纪，坚持不懈的威廉·尚克斯（William Shanks）花了10年时间将圆周率计算到小数点后第707位，其中前527位是正确的。今天，超级计算机早已将圆周率精确到万亿位；如果把这些数字打印出来装订成册，那它的规模将堪比哈佛大学的图书馆——和很多人眼中的图书馆一样枯燥乏味。

在圆周率这个问题上，有无数的数字在前面等着我们，我们从未像现在这样接近终点。然而，就算知道了这些新的数字也毫无意义，因为我们几乎永远不会用到后50位、60位，甚至100位小数。那么，我们为什么要在圆周率上面耗费那么多精力呢？

在我看来，原因很简单。人类会看，会思考，也试图去测量。圆的周长是我们现实生活中的一个特征常数，就像地球的质量、地球到月球的距离，或是银河系中的恒星数量。事实上，圆周率比这些数字更加稳定，因为圆周率不会随时间波动，是逻辑宇宙中的一个固定常数。波兰女诗人、诺贝尔文学奖得主维斯拉瓦·辛波斯卡（Wislawa Szymborska）曾写过一首诗赞美圆周率："组成圆周率的数字列队行进逶迤……越过墙壁、树叶、鸟巢、云霓，直上九霄，穿过广袤无垠的天际……"

古代的数学家们把圆分成无数个小碎片，每个碎片都是无穷小的。他们这样做是为了更好地了解整体，即从碎片求面积，从碎片求周长。回望历史的进程，我们可以看出这些古老的努力意味着什么：积分学的黎明到来了。

我把这本书中积分学的部分命名为"永恒"，主要是因为它和"瞬间"搭配在一起显得富有诗意。如果你喜欢，也可以把这些"瞬间＋永恒"的完整故事称为"史诗""全集"或"海洋",等等。

聊到这里,我的交谈对象向下扫了一眼。我跟着他的目光,看到地毯上撒满了一截截的牙签和黄瓜碎片。"我们是不是该把这里清理干净?"我说。但是我的话音刚落,这位朋友就转身离开了,只留下一丝痕迹——它悄无声息地溜进我的手中,直到这时,我才注意到那是一张名片。

"人类科学为了理解这个世界而将其碎片化……为了验证它们而摧毁一切。"

《战争与和平》

第17个永恒

瞠目结舌的"大胡子"列夫·托尔斯泰。

第17章

战争与和平，还有积分学

列夫·托尔斯泰的作品《战争与和平》是一部伟大的鸿篇巨制，它是如此宏大，如此冗长，以至于在这本书出版150多年后，第一批读者才刚刚把它读完。它似乎给这些读者留下了深刻的印象。激进的新闻记者伊萨克·巴别尔（Isaac Babel）写道："如果这个世界可以自己写作，它大概会像托尔斯泰那样写。"这部小说的篇幅很长，隐含了托尔斯泰对这部作品本身的想法，以及对书写整个文明史意义的思考。而他选择的创作角度可能会让随意拿起这本书的读者感到诧异：

> 为了研究历史规律，我们必须彻底改变我们观察的对象，必须把国王、大臣和将军放在一边，而去研究那些影响大众的、无穷小的寻常元素。

这个特殊的数学短语——无穷数组中的"无穷小的元素"——并不是口误。托尔斯泰的确是在讨论积分。

想象一下，在一场战争中，两军相遇，其中一方会赢。托尔斯泰说："在军事科学中，假设军队的相对力量与军队的规模是成比例的。"也就是说，10 000人的军队比5 000人的军队强大2倍，比1 000人的军队强大10倍，比在兄弟会的恶作剧中被抓住的10名大学新生强大1 000倍。可以说，数字决定了一切。

然而，托尔斯泰对此嗤之以鼻。他用了一个物理学问题进行类比：一个石弹 10 千克，另一个石弹 5 千克，请问，哪个石弹的威力更大？显然，这取决于它们移动的速度。如果我用大炮发射较轻的那个石弹，用手轻轻推出较重的那个石弹，那么它俩重量的差异就无关紧要了。轻的那个石弹会产生强大的破坏力，而重的那个几乎无害。

关于石弹的这一事实同样适用于发射炮弹的士兵们：军队的力量不仅仅与其规模相关。"在战争中，"托尔斯泰说，"军队的力量是质量与另一个未知数 x 的乘积。"

因此，这个 x 到底是多少呢？在托尔斯泰的分析中，x 就是"军队的精神力量，面对危险时或多或少的胜负欲"。当 500 名吊儿郎当的士兵对抗 400 名骁勇善战的士兵时，你肯定知道该把赌注押在哪一队身上。从本质上说，托尔斯泰是在让我们把每一支军队都想象成一个矩形，只是我们计算的不是长 × 高，而是质量 × 精神。哪一队所得的总数越大（对应的矩形面积越大），军队就越强大。

不过，在战斗中，就算是在同一支队伍里，也并非所有士兵表现相同。比如有些人会奋勇拼搏，有些人吓得瑟瑟发抖，还有些人可能很快被俘虏，需要不计代价地启动救援行动（啊，马特·达蒙该上场了[①]）。我们的数学如何反映这种多样性呢？现在，我们需要放弃只有单一矩形的简单几何，采用复杂的集合：

这就完成了？还早着呢。托尔斯泰如果看了这本书，或许会吐槽我在用离散的术语思考这个连续的世界。这不只是我个人的问题，而是所有历史学家的懒惰习惯，他们的职业就是随意地把现实世界分割成碎片，例如，这个领导者vs.那个追随者、这个结果vs.那个原因、这一拳vs.那个被打断的鼻梁骨……这些只是真实历史的连续统中变幻莫测的片段。我们也可以给海洋的碎片贴上标签，或者把风切割成碎片。

但是，一支军队的力量显然不是100个小碎片的组合，或者1 000个小碎片的组合，同样也不是100万个更小碎片的组合。在托尔斯泰看来，你需要"一个无穷小的观察单位——历史的微分"。

因为，军队的力量是不可分割的。

---

① 此处指的是马特·达蒙主演的电影《拯救大兵瑞恩》中的救援行动。

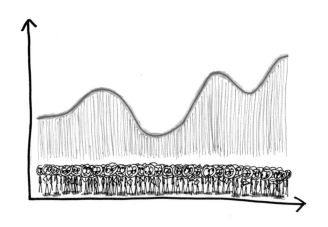

　　这个理论超越了某一场特定战斗的胜负结果，你也知道，这本书不是叫《××突围战与和平》(而是《战争与和平》，"战争"是一个很大的词)。托尔斯泰的作品包含了生与死、善与恶、巧克力与香草，以及登上世界舞台的每一个国家的出入口。要想真正地了解历史，你需要进行一场巨大的计算——要成为牛顿，而不是希罗多德。

　　如果这样雄心勃勃的历史理论听起来过于激进，而且难以实施，那么叮叮叮！给提出质疑的朋友加3分！需要说明的一点是，托尔斯泰并没有声称自己找到了所有答案。他只是觉得，在目前的状态下，历史就是一堆冒着热气的废话。

　　公元前5世纪希罗多德的著作《历史》的出版，从某种程度上来说，是西方历史学研究的滥觞。在一段雄心勃勃的开场白中，希罗多德明确说明了他的研究目的：通过记录伟人们"犯下"的事件，既能解释"他们发动战争的原因"，又能确保"那些伟大而非凡的事迹……不会因此而失去它们的光彩"。2000年后，托尔斯泰突然向这段话发起挑战，认为整个历史学研究都是在浪费时间：

　　　　历史不过是寓言和无用琐事的集合，加上一大堆不必要的人物和专有名词罢了。"伊戈尔王子之死""咬死奥列格的毒蛇"，这些不都是无稽之谈吗？

　　根据托尔斯泰的说法，希罗多德和他的追随者犯了三个错误。这个故事值得你去拿一桶爆米花来边吃边看：托尔斯泰愤怒、不屑的那一面是超级有趣的。

　　第一个愚蠢的错误，与"**事件**"相关。历史学家们总喜欢在历史中挑选出一小部分事件，例如加冕啦、战斗啦、比赛啦、签订条约啦，等等，然后对它们进行研究，假装有了这些就能完整地讲述整个故事。"事实上，无论是什么事件，"托尔斯泰反驳道，"都没有，也不可能有一个真正的开端，它们都是在连续不断的发展中过渡到另一个事件的。"

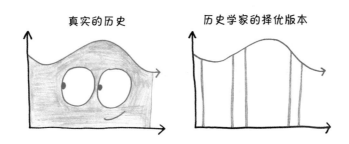

　　第二个愚蠢的错误，与"**伟人**"相关。比"事件"更令人反感的是，历史学家们对"伟人"做过的事太过念念不忘，仿佛拿破仑的军事才能或者亚历山大大帝的缜密心思可以解释群体的运动似的。托尔斯泰发现，历史学家们在这一方面简直天真得令人瞠目结舌，甚至让他觉得根本不值得费口舌进行驳斥。

　　例如，看看战争之中的实际情况吧，只要看一眼你就明白了。那么多人告别了自己的故土和家人；他们行军数百里，或是将敌人杀死，或是死在敌人手下。而最终的结局要么成为屠杀者，要么被杀。这是为了什么呢？这些人难道不愿意待在家里打扑克牌吗？是什么力量驱使他们加入这种匪夷所思的战斗？战争对他们来说到底有什么好处？

　　在托尔斯泰看来，历史学家将人们愿意参加战争的原因解释为"伟人的作用"是十分可悲的，这个说法并不比说是圣诞老人或者牙仙女的作用好多少。按照这个逻辑，你也可以把山地侵蚀归因于有人在拿铲子挖它。

托尔斯泰说，历史上的"伟人"不是原因，而是结果。

托尔斯泰还说："帝王是历史的奴隶。"而那些对国王的影响力滔滔不绝的历史学家呢，"就像一个聋子在回答谁也没有向他提出的问题"。

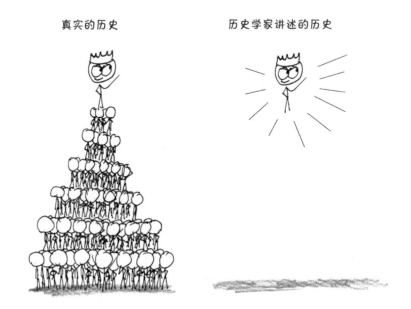

<table>
<tr><td>真实的历史</td><td>历史学家讲述的历史</td></tr>
</table>

第三个也是最后一个愚蠢的错误，与**"原因"**有关。历史的全部工作就是找出事件发生的具体原因。在托尔斯泰看来，这是一条死胡同，注定是徒劳无功的。你找到了什么原因并不重要：国王和将军、长篇新闻、硅谷的颠覆者……有太多太多看起来非常合理的原因，它们的数量之大可能正说明了任何一个单一原因的说服力都是不足的。

> 我们愈是深入地探索原因，我们所发现的原因就愈多，而任何一个或一系列原因，我们认为，孤立地就其本身而言都是正确的，然而与事件的宏大规模相比，它们就显得微不足道了，因而是错误的，而且它们的作用不足以使事件发生（如果没有其他相应的原因参与的话），因而也同样是错误的……[1]

① 引自《战争与和平》，上海译文出版社，2011年5月。

愚蠢的历史学家们试图寻找由无数个因素共同作用的后果的单一解释，这是对历史的多样性和厚重性的错误理解，就像试图挑出几粒沙子作为沙丘形成的"原因"一样。

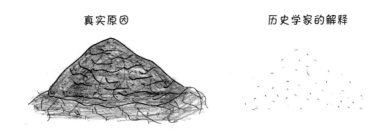

总而言之，托尔斯泰认为历史学家就是一群自欺欺人的说书人，对于他们得出的结论，"评论家不费吹灰之力，就能让它消散在风中，不留一点儿痕迹"。

就我个人而言，托尔斯泰这种毫不掩饰的直接进攻令我肃然起敬。在"说唱对决"和"推特大战"尚未出现的年代，这无疑是电视上最有趣的节目。推翻那群历史学家所建造的腐朽的理论体系是件挺容易的事，但问题是，托尔斯泰到底打算在废墟之上建造什么呢？

这么说吧，托尔斯泰深知真正的历史研究必须从哪里开始：从人类发展历程中那些微小而短暂的瞬时数据开始，包括一股蓬勃而出的勇气，一闪而过的怀疑，对玉米片的突然渴望……这些内在的、精神层面的东西才是真正重要的现实。此外，托尔斯泰也知道历史的终点在哪里：在宏大的、具有普适性的定律中（只有这些定律才能解释人们试图解释的庞大世界）。

唯一的问题是，这两者之间的桥梁在哪里？我们要如何从无穷小出发，行进到难以想象的无穷大呢？又如何从微小的自由意志行为出发，行进到势不可当的历史运动中去呢？

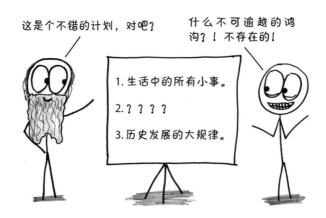

尽管托尔斯泰自己无法带领人类逾越这个鸿沟，但他知道应该用**哪种材料**来凿山搭桥。那应该是一种具有科学性和预言性的东西，是一种明确和无可争辩的东西，是一种能将小小的碎片聚集起来并结合成一个整体的东西，是一种类似于牛顿的万有引力定律的东西，是一种现代的、可以量化的东西……就像……呃，我也说不上来……

欸？对了！就像一个积分！

比如说，在数学中，没有一个单一的点会影响积分的结果：

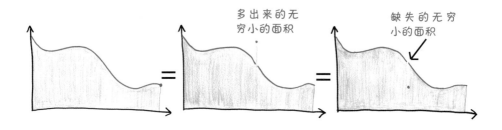

还有什么理论能更好地支持托尔斯泰关于伟人无关紧要的论点？还有什么更好的方法能够证明，将任何人——无论是伟人还是普通人——从历史的长河中移走都不会改变历史的走向呢？

托尔斯泰非常欣赏微积分在力学研究中的作用。"对于人类的思想来说，"他写道，"运动的绝对连续性是令人难以置信的。"这就是我们被芝诺悖论所迷惑的原因。微积分"通过无穷小的假设……纠正了人类智力发展道路上必然会犯的错误"。例如，那些历史学家就像厚脸皮的小芝诺，把流动的时间线分割成独立的、互不相关的事件。托尔斯泰认为，微积分可以纠正我们的认知缺陷，恢复历史的统一性和连续性。

我可以想象出这个故事最圆满的结局是怎样的。《战争与和平》出版后，愚蠢的老历史学家们读着那灼热的文字，鬼哭狼嚎，万念俱灰。而新一代精通微积分的历史学家则走进来，认领他们要用的办公家具。他们带来了正确的思维方式，量化了"历史的微分"，并发展出一种权威的历史变化理论，揭示和验证了深刻的历史规律！而历史上的那些"伟人"呢，他们的灵魂在读了这些历史规律后，歇斯底里地尖叫着，随后灰飞烟灭。随着伟人的光环陨落，普通人走了进来，挑选起他们要用的办公家具。诺贝尔奖也不再是什么高不可攀之物，从此每个人都过上了幸福的生活。

不过很可惜，在150年前，故事的走向并非如此。

如今，没有人真正希望揭开历史的决定论。相反，我们把科学大体上想象成一个连续的统一体，从"硬"（如数学和物理）到"软"（如心理学和社会学），都是连续的。

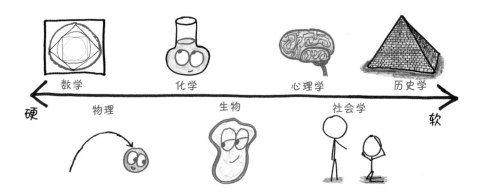

硬科学常常忍不住自吹自擂、自鸣得意，好像"硬"就意味着更复杂，"软"意味着更简单。其实，事实完全相反。科学越柔软，其现象就越复杂。

　　物理学家们可以对原子的运动进行预测，但是当收集的原子达到一定数量后，仅靠物理的计算就招架不住了。这时，我们就需要新的定律——化学定律——来解决问题。而当收集的化学物质达到一定数量后，剧增的复杂性再次难倒了我们，这时我们就需要用**生物学**来提供新的理论和规则。依此类推，在每一个临界点，数学的作用都在演变：从确定到试探，从无一例外到统计推断，从毫无疑义到产生争议。简单的事物（如夸克）绝对忠诚地遵循数学规则，而复杂的事物（如幼儿）就没有那么忠诚了。

　　托尔斯泰希望看到的是什么？嗬，也没什么大不了的，就是期待最复杂的现象能够被归入最严格的数学定律，期待我们能像找到行星运动的规律那样，找到人类发展的规律。而直到今天，我们还没有等来这样一个定律。

　　托尔斯泰是矛盾的。一方面，他明察秋毫，尤其擅长捕捉日常生活中的活跃细节，这是他的天赋。另一方面，他渴望得到一个恢宏的、突破常规的答案，这是他的梦想。他想知道，是什么在操纵着人类事件的发展方向？人类为什么要发起战争？又为什么想实现和平？积分学是托尔斯泰的天赋和梦想之间的桥梁，通过将无限的多样性融合成完美的一体，调和了他所知道的世界（一堆混乱的细节）和他所渴望的世界（一个井然有序的王国）。

　　作为一门科学，托尔斯泰的积分学并没有发展成功，但我认为它是一个非常好的比喻。在历史事件的发展历程中，人类如此渺小，以至于每个人几乎都只是一粒尘埃；而人类数量又如此多，以至于他们的力量几乎是无穷大的。不过，把这些个体都加起来，你就得到了人性。按照这种逻辑，历史不属于任何一个群体或个人——不属于国王，不属于总统，也不属于那个叫碧昂丝的女战士；不属于某一位单身女士，而是属于**所有的**单身女士[①]。

――――――――――

① 　此处指美国女歌手碧昂丝·吉赛尔·诺斯演唱的歌曲《单身女士》（*Single Lady*）。

历史就是历史长河中人的总和。

在这个问题上，不会出现科学预测，也不会产生数学定律。相反，它是一种诗意的真理，一种艺术的真理，即在一个无所不包的整体中，每一个碎片都同样重要。

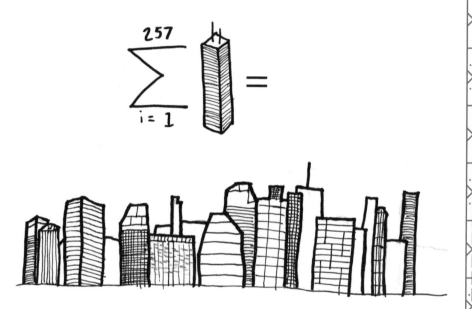

第18个永恒

深爱数学家和城市规划者喜爱的 $\sum$ 符号。

第18章

黎曼的城市天际线

在我（幻想的）涂鸦画家的职业生涯中，我喜欢用一个叫"黎曼和"的吉祥物来对微积分进行拟人化：

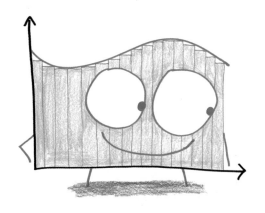

看上去是不是赏心悦目？没错，但它有的不仅是漂亮的脸蛋：黎曼和代表着积分的内涵。这个名字来自伯恩哈德·黎曼（Bernhard Riemann），一个腼腆而富有想象力的德国人，他只活了39岁，却在所有与数学有关的领域都留下了不可磨灭的印记（及涂鸦符号），如黎曼曲面、黎曼几何、黎曼假设……他甚至还把自己的名字借给了拥有67个条目的维基百科页面"以伯恩哈德·黎曼命名的事物列表"（List of Things Named after Bernhard Riemann），其中包括一颗小行星和一个月球陨石坑。"在每一个简单的思考行为背后，"黎曼曾这样写道，"都有某种永恒的、实质性的东西进入我们的灵魂。"

黎曼和为一个关键问题提供了明确的解决方案：积分到底是什么？

你可能知道这个简单的答案：积分就是"曲线下的面积"。说得没错。但是，你有没有看过除练习题之外的其他曲线？函数就像一片原始森林，和其中的邪恶野兽相比，你在学校遇到的所有三角形、圆形和梯形如沙鼠和家猫一般，而那些野兽则是数学公式的笼子关不住的怪物。

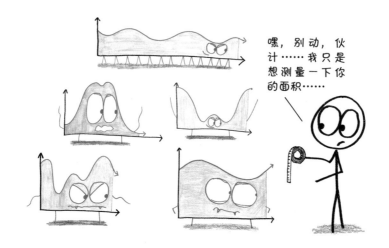

黎曼和是一个通用公式，是一支可以捕杀各种函数野兽的标枪。虽然执行起来比较复杂，但它的核心思想其实很简单，就是使用很多很多很多的矩形。

我们可以先从画4个矩形开始。这4个矩形肩并肩站着，就像一道由细长的建筑构成的城市天际线。它们的底部紧贴着x轴，顶部紧贴着函数曲线。如果我把它们画得刚好与曲线内部贴合，那么得到的总面积就是一个"略小的面积和"，也就是对曲线下面积的估计略低于实际值。

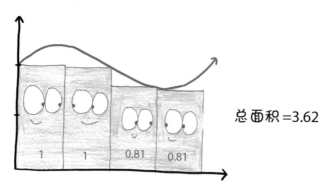

总面积 =3.62

接下来，我们重复这个步骤，但是这次矩形建筑的顶部不再紧贴着函数曲线的内侧，而是超出曲线，停留在它的上方。现在，我们又稍微高估了曲线下的真实面积，得出了一个"略大的面积和"。

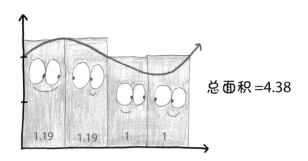

总面积 =4.38

以上的流程适用于各种需要估算的情况，无论是制订一个项目的预算，还是猜测一个罐子里有多少软糖。在给出答案之前，我们都可以先分别求出略大的估算值和略小的估算值，然后把可能的范围缩小到两者之间。

然而，4 个矩形的能力只能止步于此。为了继续缩小这个可能的范围，我们可以画 20 个矩形，如下图所示：

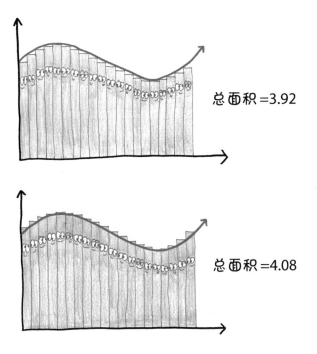

总面积 =3.92

总面积 =4.08

到这一步，用于捕捉函数野兽的黎曼陷阱就开始缩圈、收网（也就是积分中的"收敛"）了。你看到略大值和略小值之间的差在缩小了吗？看到略小值在变大，略大值在变小了吗？这两个估算值正在逐步逼近同一个实际值，而我们画的矩形越多，它们就会和事实离得越近。试想一下，假设我们在函数曲线上画100个、1 000个、100万个矩形，会发生什么呢？如果画1万亿个、1 000万亿个、10^{100}个，甚至**无穷**个矩形呢？

矩形的数量	略小的面积和	略大的面积和
4	3.62	4.38
20	3.92	4.08
100	3.992	4.016

现在，让我们打开黎曼陷阱，想象一下可能出现的最好情况：两个估算值在中间相遇，得到一个值，也就是真正的面积，积分本身。

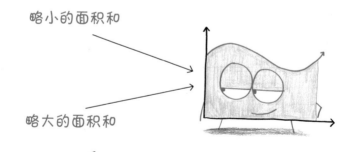

这个故事解释了积分符号的意义。我们用无数宽为 dx 的细长条矩形覆盖函数曲线下方的区域，每个矩形的高为 y，面积为 $y \times $ dx。而莱布尼茨创造了一个 s 形符号，代表着它横亘在这些矩形之上，是一种连续性和完整性的贴切象征，意思是"将这无穷多的矩形都收入囊中"。[有趣的是，"integral calculus"（积分学）正巧是"gallant curlicues"（勇敢的边缘）的变位词。]

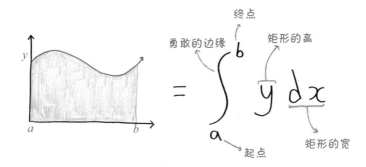

好啦，这就是黎曼积分的概念。看到这里，你或许会问，为什么积分会对应这样一个符号？

或许你不会这么问，又或许从来没有人这样问过。但无论如何，你都不能否认黎曼和看起来很像纽约的天际线。关于纽约的天际线，美国诗人埃兹拉·庞德（Ezra Pound）在纽约的一个夜晚写道："放出一块又一块方形火焰，直入云霄。"法国作家罗兰·巴特（Roland Barthes）则写道："一座具有几何高度的城市，一片布满格子的石化沙漠。"而黎曼和正如纽约的天际线，是由直线单位构成的集合。

根据城市规划专家克里斯托夫·林德纳（Christoph Lindner）的观察，"这些相互连接的几何形状，以一种几乎完全垂直于地面的状态构建和定义了这座城市"。而作家亨利·詹姆斯（Henry James）则说这座城市是"令人眩晕的"，如果你是他，应该会有更好的形容词吧。同样的道理也适用于黎曼和：当矩形的数量不断增加时，宽度就消失了（变成了无穷小），剩下的只有一条条垂直于地面的线。

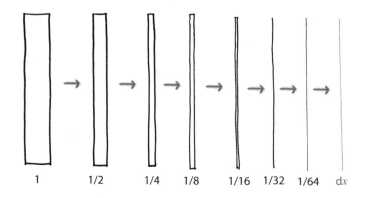

在一些人看来，这样的天际线呼应了自然，甚至超越了自然。"我愿意用世界上最壮观的日落来换纽约的天际线。"美国作家安·兰德（Ayn Rand）在《源泉》（*The Fountainhead*）一书中写道。书评家莫林·科里根附和："对我来说，那样的天际线……比最宁静深沉的日落或白雪皑皑的山脉更可爱。"黎曼和和天际线一样，都符合"恐怖谷理论"。它简单的几何形状近似于一条流动的曲线，像极了城市的天际线在模仿那些美丽的自然风光。

1854年，黎曼把他的积分理论引入了这个世界。半个世纪后，一个更好的理论出现在数学家亨利·勒贝格（Henri Lebesgue）的笔下。

为什么说后者更好呢？哈哈，我能感觉到黎曼的粉丝或纽约市民那愤怒的唾沫已经向我袭来。公平地说，在绝大多数的实际应用中，这两个理论没有优劣之分。但是，黎曼的理论在更高等的数学分析中出现了问题，就像高空中稀薄的大气一样，高等的数学分析中的问题变"虚"了，变抽象了。

以臭名昭著的狄利克雷函数为例。这个不可黎曼积分的函数是这样的，你输入一个数字，如果它是有理数（如 $\frac{5}{7}$ 或 $\frac{13\,734}{234\,611}$），输出 1；如果它是无理数（如 $\sqrt{2}$ 或 π），则输出 0。

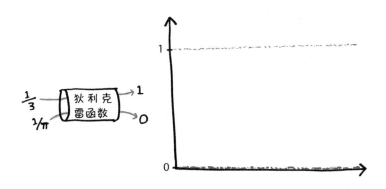

你大概不知道，这里的数轴上有一个肮脏的秘密，即绝大多数的数字都是无理数，也就是说，"有理"只是在由"无理"统治的世界表面覆上了一层薄薄的灰尘而已（这可能会让你想起自己居住的星球）。因此，在适当的数学意义上，这个函数的积分，也就是那些"有理"尘埃颗粒下的面积，输出的数应该为 0，这就是勒贝格积分要告诉我们的东西。

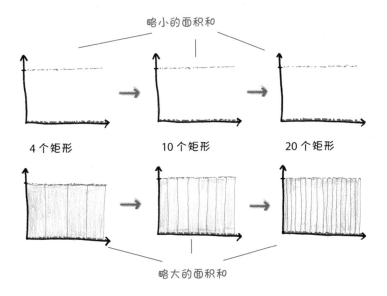

但是黎曼积分应付不了这样的函数问题。灰尘让黎曼的积分体系无法正常运作，就像下图画的那样，略小的面积和永远是0，略大的面积和永远是1。无论你画多少个矩形，它们永远不会收敛。

由于我能力有限，无法在这里详细地解释勒贝格的积分方法，不过他本人在解释这个理论时曾打过一个形象的比方。在一封写给朋友的信中，勒贝格通过一个数钱的例子对比了勒贝格积分和黎曼积分：

> 我需要支付一笔钱，而这笔钱就在我的口袋里。如果我将钞票和硬币一张张（一枚枚）地从口袋里掏出，然后按照掏出来的顺序把它们依次交给债权人，直到它们的币值之和达到我需要支付的总数，这就是黎曼积分。但是我还可以换一种方式，先把所有要付的钱从口袋里拿出来，然后按照币值的大小对钞票和硬币进行排序，最后再把这几堆钱一堆一堆地付给债权人，这就是勒贝格积分。

简而言之，黎曼积分是按钞票和硬币到达的顺序进行清点。

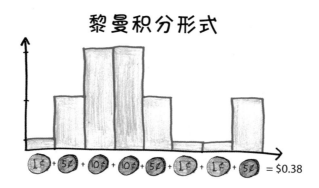

而勒贝格积分则是先分组，把同样币值的零钱放在一组，即1美分放一组，5美分放一组，10美分放一组。

如果你觉得积分学比导数更微妙、更难以捉摸，请别担心，有这种想法的人不止你一个。简单来说，导数的计算方法是将某处细节无限放大，而积分的计算方法是把一个物体分割成无穷多的碎片，重新排列后，再把

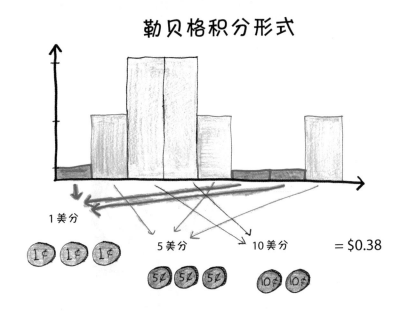

它们相加，进而对新的整体进行研究。

　　这样的积分和我们的城市还有相似之处吗？如果说黎曼积分是天际线，那么勒贝格积分又是什么呢？

　　我想，勒贝格积分才是我们今天所生活的城市。在21世纪，人类不再按照从东到西的地理位置（黎曼积分方法）来分组，而是按照更概念化的标准（勒贝格积分方法）进行分组。数字时代对我们进行了重组：Facebook以友谊为标准，LinkedIn[①]以行业为标准，Tinder[②]以热度为标准，推特则以有没有带认证小蓝钩儿（区分名人和普通网民的标记）为标准。勒贝格本人生活在黎曼那个令人眩晕的城市里，而你和我生活在勒贝格重新定义的奇怪的分层景观中。

①　LinkedIn，中文名为"领英"，一个面向职场的社交平台，总部设于美国加利福尼亚州的森尼韦尔。
②　一款手机交友软件。

第19个永恒

玛丽亚·加埃塔纳·阿涅西拿着一个发光的球体，由于画手的水平有限，它看起来似乎更像一个毛毛球。

第19章

一部伟大的微积分大全

在数学的每个分支中，都存在着一个深刻的核心规则，我们称之为"基本定理"。研究型数学家奥利弗·科尼尔（Oliver Knill）曾经汇编了超过150个这样的基本定理，从几何学（如 $a^2 + b^2 = c^2$）到代数学（如每个数字都有一个唯一的质因数分解），再到《搏击俱乐部》[1]（它的基本定理是，谁都不能谈论关于"搏击俱乐部"的事，哈哈，我开玩笑的。当然，科尼尔遵守了这个定理，并没有把它收录其中）。无论如何，在整个基础理论的苍穹中，最伟大的定理属于——三角函数。对，你猜对啦！

不是啦，这也是一个玩笑。在这一问题上，微积分才是绝对的赢家。而第一个提出微积分基本定理的数学家是玛丽亚·加埃塔纳·阿涅西[2]。

---

① 《搏击俱乐部》是20世纪福克斯电影公司于1999年发行的一部悬疑惊悚片，改编自恰克·帕拉尼克的同名小说。

② 玛丽亚·加埃塔纳·阿涅西（Maria Gaetana Agnesi，1718—1799年），意大利数学家、哲学家。她因撰写了第一本完整地讨论积分与微分的教科书而广受赞誉。

阿涅西生于1718年，到1727年时，她已经熟练掌握法语、希腊语、拉丁语和希伯来语，更不用说她的家乡话了——意大利托斯卡纳地区的方言。阿涅西还因为发表了一篇捍卫女性受教育权利的演说，在当地享有颇高的声誉。尽管这篇演讲稿不是她本人所写，但她将其翻译成了拉丁语，并背诵下来，传播给了大众。在我看来，这篇演讲最有力的论据其实就是演说者本人。

阿涅西的父亲对女儿的成就引以为荣。作为一个新贵商人，他把女儿的聪明才智看作整个家族最大的资产，是家族进入上流社会的敲门砖。

在那次演说后不久，有20个弟弟妹妹的阿涅西成为conversazioni晚宴上的焦点人物。"conversazioni"的字面意思是"座谈会"，但我认为更准确的翻译应该是"书呆子们的聚会"。晚宴上，在欣赏音乐的间隙，嘉宾们受邀与当时不过十几岁的阿涅西就科学和哲学问题进行辩论。阿涅西通常以关于牛顿光学或潮汐运动的即兴演讲开场，如果有人从形而上学或数学曲线的角度提出质疑，她会欣然接受对方的观点。接下来，晚宴进入尾声，大家开始享用冰激凌。我不太确定的是，整件事听起来是像拉丁语课一样枯燥，还是像拉丁语课上的冰激凌派对一样有趣？

来，玛丽亚，给大家来一场只有我能听懂的高技术含量的演讲！

　　显然，阿涅西本人对此的感觉也很矛盾。她确实喜欢学习、辩论和闲聊科学，但并不在意演讲的技巧、辩论的输赢和社会地位的提升。20 岁时，她和父亲商量，希望能尽量减少参加这类晚宴。取而代之，阿涅西开始在医院做志愿者，教不识字的女性读书，帮助穷人和弱者……诸如此类，你知道的，都是些叛逆期的姑娘乐意做的事。

　　30 岁时，阿涅西出版了她唯一的著作《写给意大利青年的分析原理》（ *Instituzioni Analitiche ad Uso della Gioventù Italiana* ）。她最初的想法是用这本书教自己的弟弟们数学，没想到后来发展成了教所有人的弟弟数学。历史学家马西莫·马佐蒂（Massimo Mazzotti）说："她慢慢开始相信，自己可以从事一个更有雄心的项目，即写一本微积分入门书，对初学者进行指导，从代数的基础知识到新的微分与积分技巧。这将是一部伟大的微积分大全……"

　　千真万确，这本书是迄今为止最完整、最容易理解、结构最合理的微积分书籍，也是第一本将导数和积分统一在同一本书中的著作。在这部对数学的各方面进行全覆盖的作品中，阿涅西重新强调了一个基本事实。

　　那就是微积分**基本**定理。

　　对数学家来说，"逆运算"是一对相反并且可以相互抵消的动作。例如，"加 5"和"减 5"：一个带你从 A 到 B，另一个带你从 B 回到 A。

　　"乘以 3"和"除以 3"也是如此。随便选一个数字，用它乘以 3，然后再除以 3。结果如何？让我猜猜，你得到的还是最初的数字！我是不是料事如神？

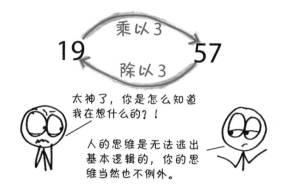

数学中充满了一对对可以互相抵消的小伙伴。求平方可以把3变成9，对9进行开方，又把它变回了3。幂运算可以把2变成100，对数运算又把100变成了2。一年的刻苦学习可以把脑袋从空空如也变成博古通今，一个暑假的疯玩又会让大脑恢复到原来的状态。

微积分的基本定理是一个既平平无奇又令人吃惊的事实："求导数"和"求积分"也是一对相反的运算过程。这可不是随便说的，并不像我说"赫敏和罗恩是截然相反的两个人"，因为他俩一个冷静，一个冲动；一个是男性，一个是女性；一个才华横溢，另一个——嗯，就是罗恩。不，我用的是精确的数学意义上的"反义词"。

在课堂上，我通常会通过一个实例来向学生解释这个定理。假设有一个位置函数，可以用来表示我们的车在过去几个小时内每一时刻的位置。

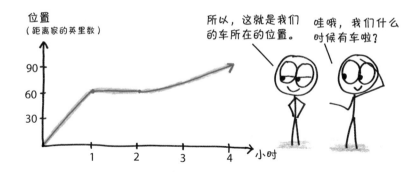

根据上图中的信息，我们能确定汽车的**速度**吗？当然能！这个图表的斜率就是汽车的速度，而我们求斜率的过程其实就是在"微分"或"求导"。

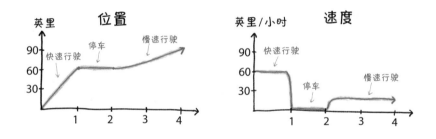

现在，把你脑中的小黑板擦干净，来看看这个速度函数。通过这个图，我们可以准确地知道车在过去几个小时内每一时刻的速度。

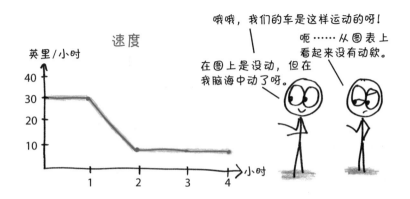

根据以上信息，我们能确定汽车的位置是如何变化的吗？能知道它移

动了多远吗？当然！汽车经过的距离就是图中函数曲线下的面积，求曲线下面积的过程就是"积分"，或者叫"求积分"。

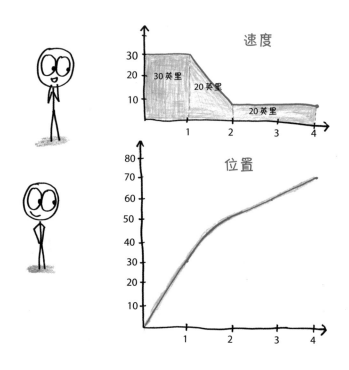

因此，求导和求积分（求曲线的斜率和曲线下的面积）是两个相反的过程。前者从时间的洪流中提取了一滴水（一瞬间），后者则通过汇聚无数的水滴重建了洪流。

然而，以上都是我对微积分基本定理的理解，并不是阿涅西的解释。作为一个生活在18世纪的姑娘，她对汽车没什么兴趣。事实上，她的书中完全没有涉及任何形式的微积分的物理应用。

即便如此，阿涅西并不是个只顾自己讲课，不管学生听没听懂的老师。有一次，阿涅西的父亲硬要她在晚宴上进行演讲，介绍一些艰涩得令人生畏的技巧。演讲结束后,她向一位客人道歉,说自己"其实并不喜欢在公开场合谈论这些话题,因为讲这些内容的结果是,每让一个人感觉有意思,就会有 20 个人感觉无聊得要死"。当然,阿涅西也不是不喜欢物理学;开什么玩笑? 在这个领域,她可是镇上的专家。那她为什么要拒绝介绍微积分在物理方面的应用实例呢? 物理方面的例子明明可以让微积分变得更加具体、更有现实意义,难道她的弟弟们在学习中从来没有问过"数学在真实世界中有什么用处",或者想过"我们什么时候会用到微积分"?

或许他们问过,也思考过这些问题。但对阿涅西来说,数学与实用性无关,它是一项神圣的工程,是通往圣殿的道路。数学中纯粹的逻辑思维给了人类最接近神圣认知和永恒真理的体验。对于像阿涅西这样虔诚的人来说,这比什么都重要。所以,为什么要用世俗玷污圣洁,用现实玷污几何学?

正是阿涅西这种纯粹的数学思维方法,才让她创作了这部经久不衰的著作。数学历史学家华金·纳瓦罗(Joaquin Navarro)写道:"这本书中的符号选得非常好,也非常现代,以至于连一个逗号都不需要改动,就能被现代读者理解。"为了理解阿涅西对微积分基本定理的看法,我们可以把积分看作是依偎在函数曲线下的无数小矩形面积的总和。

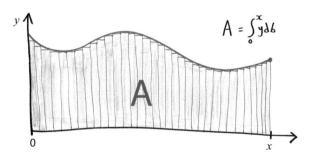

而导数测量的则是这个总面积最近的变化情况,换句话说,就是组成天际线的最后一个矩形的面积。

不过,由于矩形的宽是无穷小的 dx,所以这个矩形的面积实际上就等于曲线在此处的高度。

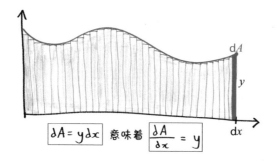

$$\boxed{\partial A = y\,dx} \quad \text{意味着} \quad \boxed{\dfrac{\partial A}{\partial x} = y}$$

　　这意味着如果你（1）从一条曲线开始，（2）对它进行积分，（3）接着进行微分，就会回到最初的起点。虽然这个过程看起来和上文中关于汽车的讨论不太一样——两者有时会被区分为"第一基本定理"和"第二基本定理"——但这两个过程都通向同一个目的地。在这个过程中，积分和导数之间的关系再次被显现出来：它们就像毒药和解毒剂，或者铅笔和橡皮擦。

　　根据微积分基本定理，所有微积分都是一个巨大的阴阳符号。

　　阿涅西比任何人都更了解什么是对立的统一。看看她所拥有的多重对立身份就知道了：数学家和神秘主义者、天主教传统主义者和最早的女权主义者，以及科学的拥趸者和宗教的信徒。她甚至还弥合了势不两立的牛顿和莱布尼茨之间的恩怨，而在她开始动笔写这本书时，两人之间的恩怨还没有任何要化解的迹象。然而，阿涅西做到了没人能做到的事，她在书中成功地将英国人牛顿的"流数法"与德国人莱布尼茨的"微分法"统一起来，实现了一种完美的融合。剑桥大学的一位数学教授为此特意学习了意大利语，以便将她的杰作翻译成英文。

　　阿涅西不认为这些所谓的"对立"是水火不容的。正如马佐蒂所写的那样："将'科学'和'宗教'这两个范畴视为两套互不兼容的实践体系，对阿涅西来说毫无意义。"在我们这个时代，人们反对将理性和信仰视为两种对立的存在，而阿涅西比我们更早意识到了这一点。

1801 年，上文中提到的那位热心的剑桥教授在翻译阿涅西的书时，误把"versiera"（航海术语，意为"帆"）这个词当成了它的同音异义词"avversiera"（意思为"女巫"）的缩写。因此，有些讲英语的人把某种数学曲线称为"阿涅西的女巫"，这既是世人对阿涅西过人才华的颂扬，也说明了业余的译者确实会制造一些麻烦。

今天，微积分基本定理大概是数学中最强大、用途最广泛的捷径。有了它，积分，也就是无穷个极小碎片的精准求和，就变成了一个简单的不定积分。有了它，我们可以忘记黎曼积分中错综复杂的天际线、勒贝格积分中精妙的重新排列、欧多克斯和刘徽的几何证明步骤……只需要逆向求导就可以了。这就好比，过去我们在每次进屋前都要费尽周折地拆除大门，而多年后，我们终于学会了如何使用钥匙。

不过，阿涅西估计并不怎么在意我们取得的进步。马佐蒂写道："对她来说，微积分是一种磨砺心智的方式，让自己的内心信仰上帝。""她信仰清晰的灵性，而不是巴洛克式的虔诚或充满幻想的迷信。"正是通过这双清澈的眼睛，我们才对微积分这门既实用又拥有内在美的学科有了更深刻的了解。

从这个意义上说，我们都是意大利青年。

第20个永恒。

被积函数中的另一个喧闹派对。

第20章

积分号下的故事就留在积分号下吧[①]

理查德·费曼非常厌恶数学课，因为老师总是刚提出一个问题，就告诉你它的解法。这还有什么挑战呢？这样的教学既枯燥又乏味，就像一个由一群蠢货组成的政府部门服务着另一群蠢货。

相较之下，他更喜欢的是数学"俱乐部"。那是一个游乐场，也是一个学校，不过教的都是魔术师障眼法和即兴魔术之类的内容。在那里，数学题只需用代数（不需要微积分）就能解决，但每道题都藏着狡猾的陷阱。如果你试图用一个标准方法来解题，时间是绝对不够用的，所以必须找到一条简化的捷径。例如……

问题：你划船行驶在一条河里，以每小时 $4\frac{1}{3}$ 英里的速度逆流而上，水流的速度是每小时3英里。中午12点，你把帽子丢下船，帽子被水流冲走了。12点45分，你掉转船头，顺流而下。请问你会在几点钟与自己的帽子重新相遇？

当然，你可以通过计算得到这个问题的答案，不过如果改变一下视角，

---

① 这里化用了美国的一句谚语，"让拉斯维加斯的故事就留在拉斯维加斯吧"（What happens in vegas stays in vegas）。

以河流作为参照系会更快，也就是把我们的视角变成帽子的视角。

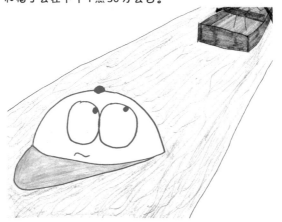

答案：从12点起，船以每小时 $4\frac{1}{3}$ 英里的速度远离帽子，到12点45分时，它以同样的速度返回。因此，回程和去程的用时一样，都是45分钟，所以船（你）和帽子会在下午1点30分会合。

　　导数有点像费曼在学校里上的数学课。在每一本值得被印出来且没有浪费纸张的课本中（甚至在部分浪费了纸张的课本中），你都可以找到一个完整而明确的微分公式列表。解题时，只要运用这些公式，你就不会出错。

　　而积分呢？根据微积分基本定理，积分是导数的逆运算。x^2 的导数是 $2x$，$2x$ 的积分是 x^2。但众所周知，如果想把蛋糕变回面团，把碎了的花瓶组装回来，或者做一些真正不可能的事情，比如取消一份杂志的订阅，那么"做"要比"恢复做之前的状态"更难。同样，积分里也充斥着这种麻烦的意外。这就相当于微积分的数学"俱乐部"。

　　令人耳目一新的《标准数学表》（*Standard Mathematical Tables*）中谦逊地写道："无论积分表多么包罗万象，都几乎不可能在表中找到所需的精确积分。"例如，看看这两个积分：$\int \frac{1}{1+x^2}\,dx$ 和 $\int \frac{1}{1+x^3}\,dx$。我们不必纠结于细节，但一眼就能注意到它们很像，按理来说，它们应该会得出相似的答案——至少，在复杂性方面接近的答案。由于前者在我的标准数学表中是 arctan（x），后者应该是……

　　嗯……

来看看我的笔记……

好吧，没找到，上网查一下……

啊，我早该猜到的……

答案是 $\frac{1}{6}\left[-\log(x^2-x+1)+2\log(x+1)+2\sqrt{3}\arctan\left(\frac{2x-1}{\sqrt{3}}\right)\right]$。

天哪！这和《标准数学表》中的 $\arctan(x)$ 比起来，差别也太大了。

如果说微分是一座政府大楼，有着明亮的灯光和整洁的会议室，那么积分就是一座闹鬼的游乐场，到处都是奇怪的镜子、隐藏的楼梯和突然出现的活动门。在这个游乐场里，没有无懈可击的规则能让你安全稳妥地通过，只有四处散落的各种工具。

导数　　　　　　　　积分

数学家奥古斯都·德·摩根（Augustus De Morgan）用一种富有诗意的语言写道：

> 那些常见的积分只存在于微分的记忆中。积分中有这么多技巧的原因正是"变化"，不是从已知变成未知，而是从记忆不会为我们服务的形式变成愿意为我们服务的形式。

乍一看 $\int \frac{4x^3+4x}{x^4+2x^2+5}\,dx$ 这个积分，新手估计会不知所措。但是，通过执行"变量变换"（一种基本的积分技巧），这个难题就会变成相当容易解决的 $\int \frac{du}{u}$，后者在任何一个通用积分表中都能找到。问题迎刃而解。实际上，这个积分的本质并没有改变，只是改变了表达方式，即变量的名称。

事实上，我们所用到的解决办法就是改变参照系，也就是刚刚在划船问题中提到的变为帽子的视角。

费曼在高中物理课堂的角落里自学了积分，但他从来没有学过什么标准的解题公式和方法。相反，他收集了一些非常规的工具，一些巧妙但没人教过的技巧，比如"积分下的求导"。

"我用过无数次那个厉害的工具。"费曼在获得诺贝尔物理学奖后写道。

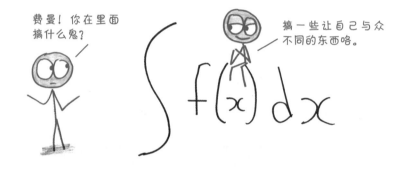

在麻省理工学院和普林斯顿大学，费曼的同事会带着他们解不开的积分问题来找他。费曼凭借着自己掌握的强大技巧，总能解决这些问题。他曾写道："我在解积分这方面挺有名的，但这只是因为我用的工具箱和其他人不一样。"在导数这一领域，每个人都跳着同样的舞蹈动作，但积分让大家有了自己的风格。

第二次世界大战期间，费曼加入了洛斯阿拉莫斯国家实验室①的科研团队。他从一个部门跳到另一个部门，在了解了大家的工作后，他觉得自己一无是处。直到有一天，一名研究人员给他看了一个让整个团队苦恼了三个月的积分问题。"为什么不在积分号下求导呢？"费曼问对方。半小时后，问题就解决了。

我自己从来没有学过这个技巧，所以在谷歌上搜了一下。关于这个问

---

① 该机构隶属于美国能源部，世界上第一颗原子弹就诞生在这里。

题，搜索引擎将我引向了哈佛大学的"数学55"（Math 55）课程，而根据维基百科的说法，"这可能是全美最难的本科数学课"。修过这门课程的校友包括菲尔兹奖获得者[如曼朱尔·巴伽瓦（Manjul Bhargava）]、哈佛大学教员[如丽莎·兰道尔（Lisa Randall）]，以及比尔·盖茨。哈佛大学校友（现任牛津大学教授）雷蒙德·皮尔亨伯特（Raymond Pierrehumbert）在2006年接受《哈佛深红报》（*Harvard Crimson*）的采访时说："这绝对是一门邪教，而且我认为与其说它是一门课，不如说它更像是一种折磨。"而目前在康奈尔大学担任教授的因娜·扎哈瑞维奇（Inna Zakhareich）对这门课则有着美好的回忆："那是我最喜欢的思考方式，运用我认为自己已经掌握的基础知识，然后非常非常非常认真地思考。"

2002年，18岁的扎哈瑞维奇刚刚读完费曼的回忆录。她说："当时我还不明白什么'在积分号下求导'是什么意思。于是我去问父亲，然后我们讨论了常规的解题方法。"10月的一天，"数学55"课的教授诺姆·埃尔基斯（Noam Elkies）向全班同学展示了一个公式：$n! = \int_0^\infty x^n e^x dx$

在数学中，"！"符号表达的并不是热情的语气。它代表的是阶乘运算，一个正整数的阶乘就是所有小于及等于该数的正整数的积。

$$3! = 3 \times 2 \times 1$$
$$5! = 5 \times 4 \times 3 \times 2 \times 1$$
$$100! = 100 \times 99 \times 98 \times \cdots \times 2 \times 1$$

这个算式看起来非常酷，简直杀伐决断。不过，按照定义，它的应用范围也非常有限：阶乘只对整数有意义。

$$7.26\,! = \cdots\cdots?$$

嗯……什么鬼？

在18世纪，瑞士数学家莱昂哈德·欧拉提出了一种定义阶乘的新方法，也就是"数学55"课上埃尔基斯所展示的积分。这个方法的"卖点"是可以将阶乘的概念拓展到所有的数字，这样你就可以计算 π！或1.8732！了，$\sqrt{2}$！也行，随你的便。

$$3\,! = \int_{0}^{\infty} x^{3}e^{-x}\mathrm{d}x$$

啊，这拓展得也太漂亮了！

$$11\,! = \int_{0}^{\infty} x^{11}e^{-x}\mathrm{d}x$$

$$7.26\,! = \int_{0}^{\infty} x^{7.26}e^{-x}\mathrm{d}x$$

只是还有一个问题：你确定新的定义与旧的定义完全相等吗？我们怎么知道它们是不是对3、11，还是什么别的数字，都一视同仁，并且全部适用？

在课堂上，扎哈瑞维奇看着埃尔基斯用展示二者相等性的标准方法进行演示：充满重复劳动的、费尽周折的**分部积分法**。这是一种相当常见的微积分解法，在这个例题中可以说是相当笨拙的技巧。"我很沮丧，"扎哈瑞维奇回忆道，"因为这是一个拿不出手的丑陋证据。"

她一向是个听话的学生。在那天的随堂测验中，她把课上复杂的代数过程回忆了一遍，并写了下来。但在试卷的背面，她用费曼最喜欢的技巧，写了一个备选的证明过程。她说："当时我真的非常希望埃尔基斯能注意到这里。"在这个新的证明中（我在下图中把证明过程画了出来，主要是为了让页面更好看一些），扎哈瑞维奇引入了一个新的参数，接着对它求导，最后让它遁入阴影中。就像一个路人热心地帮你换好轮胎，却在你道谢之前消失在了夜色里。

$$\int_0^\infty e^{-x}\,dx \quad = \quad 1$$

没错，符合标准方法。

$$\int_0^\infty e^{-ax}\,dx \quad = \quad \frac{1}{a}$$

可以是可以，但是为什么要这样呢？

$$-\int_0^\infty x e^{-ax}\,dx \quad = \quad \frac{-1}{a^2}$$

是要对 a 求导吗？

$$(-1)^n \int_0^\infty x^n e^{-ax} = (-1)^n \frac{n!}{a^{n+1}}$$

这么多的导数！

$$\boxed{\int_0^\infty x^n e^{-x}\,dx = n!}$$

懂了！是先让 $a=1$，然后接下来就容易了！

埃尔基斯非常喜欢这个证明方法。他的脸上洋溢着身为扎哈瑞维奇老师的自豪，还把它发布到了网上。16年后，我在网上偶然发现了它。

"这个方法的应用，"扎哈瑞维奇坦言，"实际上是一门艺术，而不是一门科学。"

　　我相信费曼也会赞同她的这个证明方法。这个方法不但凸显了学校里数学课教学的失败，更象征着数学俱乐部的胜利——对他来说，这是一种具有普适性的欺骗技法。正如传记作家詹姆斯·格莱克（James Gleick）描述的费曼后来在学校董事会的工作经历：

　　　　他建议一年级学生或多或少地运用他计算复杂积分的方法来学习加法和减法，即自由选择任何适合解决手头问题的方法。当时有一个听起来非常现代的理念，即"答案并不重要，只要你使用正确的方法"。在费曼看来，没有比这更错误的教育哲学了。"答案才是唯一重要的……"他说，"拥有一套乱七八糟的戏法总比只有一种正统方法要好。"

　　费曼热衷于炫耀自己的那一套戏法。有一次，他向洛斯阿拉莫斯国家实验室的同事们发出挑战，让他们在10秒钟内随便提一个问题，然后自己可以在1分钟之内计算出答案，而且精确度控制在10%以内。没想到，他的朋友保罗·奥卢姆（Paul Olum）瞬间就粉碎了他引以为傲的特长，奥卢姆提的问题是"古戈尔（googol，即10^{100}）的正切是多少？"，这需要数到$1/\pi$的小数点后第100位——即使对面是未来的诺贝尔奖得主，但这也太多了。

　　还有一次，费曼吹嘘道，对于任何能用"曲线积分"这一传统方法解决的问题，他都能找到其他的解法。他连续击败了好几个挑战者，直到完美的对手奥卢姆再次上阵。当时奥卢姆拿出"一个该死的、**极为复杂**的积分……并解开了它，而且**只有**通过曲线积分才能解开！"费曼回忆说："奥卢姆总是让我泄气。"积分就是这样充满乐趣，有时也令人沮丧：也许除了奥卢姆，没有人可以掌握所有的技巧。

阿尔伯特，不要啊！

我要把它设为0。

第21个永恒
爱因斯坦犯了一个关于宇宙的错误。

第21章

一挥笔就放弃了存在

早在 1917 年阿尔伯特·爱因斯坦就已经成名，成为一个家喻户晓的名字，确切地说，应该是"爱因斯坦"。他计算出了原子的大小，发现了质量和能量的等效性，开创了量子物理学的时代，并引领了一种被称为"羊毛卷新星"的发型……他的经历和成就实在令人印象深刻，而他自己引以为傲的成就，无疑是创立了广义相对论。这是一个无比优雅的等式，是一次宇宙探索之旅，是对牛顿力学的一记漂亮的回旋踢。爱因斯坦在广义相对论中描述的真相如此惊世骇俗，以至于《纽约时报》的文章中甚至表达了对它可能把"乘法表"都推翻的担忧。而关于广义相对论的一切都建立在一个简单的认知之上：宇宙不仅仅是一个装着恒星和行星的盒子，在物质存在的情况下，它会弯曲，也会变形。

叮，又到了思维实验的时间。想象一下这个画面：我正懒洋洋地坐在树桩上，看着一束光以每秒 3 亿米的恒定速度划过。与此同时，你乘着星舰①以惊人的速度追逐那束光，以每秒 2 亿米的速度从我身边经过。

那么，光是先远离我还是先远离你呢？

---

① 《星际迷航》系列作品中可进行星际旅行的宇宙飞船的统称，绝大部分星舰都会采取某种超光速航行技术让自己拥有在星系间航行的能力，例如曲速引擎。

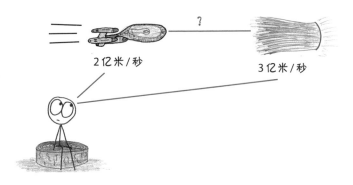

　　这个问题是一个陷阱！我们都知道，光速是一个恒定的常数。它始终是每秒3亿米[①]，不会为任何人改变，现在不会改变——即使在面对速度超快的你时，也不会改变。相反，在这个过程中，改变的是一些更柔软、更有韧性的东西，也就是空间和时间的结构。从我坐着的树桩的角度来看，光甩开你3亿米需要3秒钟。从你在"进取号"星舰[②]上的角度看，光甩开你3亿米只需要1秒钟。这样一来，我的怀表走的速度就比你快了2倍。

　　是的，运动可以重塑时间。

　　是不是开始感到头晕了？那你就为下一步做好了准备：物质也能重塑空间。例如，太阳并不像盒子里的保龄球那样静止不动，而是像床垫上的保龄球，压在织物上，扭曲了周围的时空区域。因此，当一颗行星绕太阳

---

① 这里指的是光速计算值。
② 电影《星际迷航：进取号》中的星舰。

运行，或一个苹果朝地球的方向坠落时，它们并不会陷入某种牛顿引力无法解释的痛苦之中，只是在沿着阻力最小的路径穿过一个弯曲的四维空间而已。

物理学家约翰·惠勒（John Wheeler）说："物质告诉时空该如何弯曲，而弯曲的空间则告诉物质该如何运动。"

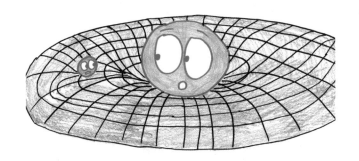

1915 年 11 月，爱因斯坦从以上这些事实中提炼出了引力场方程。物理学家卡洛·罗韦利（Carlo Rovelli）写道："尽管这个方程写出来不过半行，但在这个等式中，存在着一个丰富多彩的宇宙。"引力场方程预测光会在重的物体周围弯曲；相比谷底的时间，山顶的时间会膨胀；引力波可以在宇宙中传播，大恒星会坍缩成奇点（后来被称为"黑洞"）……"一连串梦幻般的预言，如同一个疯子的呓语，"罗韦利写道，"但最后都被证明了是真的。"

然而，即便这个等式就像从魔法棒中冒出来的守护神一样发出了新的预言，爱因斯坦仍然不太满意。诚然，广义相对论可以描述绕着轨道运行的行星和弯曲的光子，但这些都是有限的有界系统，只是宇宙的一部分。爱因斯坦在给同事的信中写道："相对论的概念是否可以一以贯之，还是会导致矛盾？这个问题急需解决。"他现在想要的是终极大奖，是所有狂欢节上那只最大的泰迪熊。

那么，广义相对论真的能描述整个宇宙吗？

这个问题非常符合积分学的精髓，它体现了从"很多很多的小东西"到"一个大的整体"的飞跃。事实上，它确实涉及了积分问题；尽管爱因斯坦在1917年发表的著名论文中采用的是一个不同的解法，但在1918年，他发现自己实际上还是在求积分。爱因斯坦更喜欢这个求积分的新公式，他写道："新的公式有一个巨大的优势，那就是……量作为积分常数出现在了基本方程中。"

这里的"量"指的是什么呢？别着急，我们晚些时候会说到。现在先聊聊，积分常数是什么。

关于这个问题，如果你问一个正在学微积分的学生，答案就是每个不定积分后面烦人的"+ C"。这个花哨的符号与你正在计算的积分无关，但

根据一些不成文的规定，你永远不能忘记"+ C"，否则就会被小气又死板的阅卷老师扣分。

这个常数从何而来？正如我们在前文中讨论过的，积分和微分是互逆的运算过程。求积分时，我们会看着那个函数，然后问自己：它的导数是什么？

假设一个跑步者以每小时7英里的稳定速度行进。速度图是这样的：

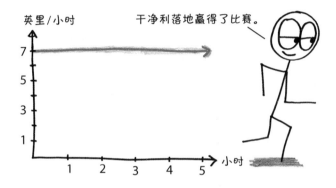

那么积分呢，也就是位置图？嗯，以下是其中一种可能性：

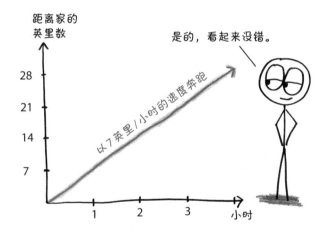

然而，这不过是一个假设，假设跑步者在正午时分从家里出发。实际上，我们真的不知道这场赛跑是从哪里开始的。也许是离家1英里、2英里、7英里……又或许是在相反的方向上离家3.5英里，这样就会在中午12：30到家。

　　这样的位置函数可能有无数个，除了加上或减去某个固定的距离，而它们中的每一个都长得一模一样。可以是 $7x$、$7x+1$、$7x+2$、$7x+3\cdots$

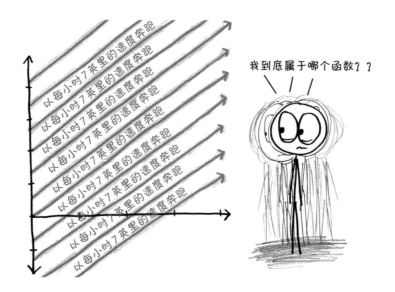

　　为了不耽误大家享用晚餐，我就不一一列出那无数的可能了，而是用简单的公式 $7x + C$ 来概括这个大家族。在这里，"C"就是一个积分常数，是"任何数字"的缩写。只需一笔，它就能把一条曲线变成无穷大的家族。不过，也正是因为这样的简洁干练，容易让人忽略它的力量和内涵。

　　当然，爱因斯坦可不会忘记这个常数。拜托，我们谈论的可是有史以来不用梳子的最伟大的科学家之一。

　　不过呢，他犯了一个更难以察觉但更严重的错误。

　　"我要带领读者走一遍我走过的路，"爱因斯坦在他1917年发表的论文中写道，"这是一条崎岖不平的路。"事实上，他就像在迷宫般的单行道上前行，在数学的拐角处屡屡受挫。爱因斯坦第一次尝试描述整个宇宙时，得出的结论与已知的事实相矛盾。在第二次尝试中，他需要明确一个"正确的"参照系，这又违背了"相对论"的内涵。在第三次尝试中，他采用了一个同事的建议，然而，得到的结果是"没有解决问题的希望，就相当于放弃"。他那著名的方程式并没有提供足够的灵活性。

最后，爱因斯坦只能通过引入一个积分常数来挽救他的模型：Λ。这是一个希腊字母；爱因斯坦实际上用的是小写的 λ，由此可见，他对它或许缺乏尊重。不管怎样，λ 就此成为宇宙哲学意义上的常数。

事实证明，这是一个完全有效的数学动作，也是一个不可或缺的动作：没有 λ，这个模型就崩溃了。这个模型预测的可以是一个收缩的宇宙（如果周围环绕着很多物质），可以是一个膨胀的宇宙（如果周围没有很多物质），也可以是一个完全无物质的宇宙（以一种可悲、空洞的方式保持不变的大小）。在这样的情况下，只有一个具体的、能够精密调整的 λ 值才能让爱因斯坦描述出他所理解的宇宙，即一个包含物质且大小不变的宇宙。

尽管如此，爱因斯坦仍然感到为难，因为现在整篇论文读起来有点像写给 λ 的道歉信。他认为这是广义相对论的一个缺陷，它拙劣地把问题复杂化了。λ 的必要性让他感到沮丧，就如同一个汽车引擎只有在某种引擎盖的装饰下才能正常运行一样。

这样的情况持续了十多年。1929 年，天文学家埃德温·哈勃带来了一条超级大新闻，事实上，如果以立方米为单位来衡量新闻的尺寸，那这应该是有史以来最大的新闻。

哈勃发现，大家此前所说的"那个宇宙"并不是真正的宇宙，只是我们所在的星系——银河系。夜空中那些模糊的螺旋状星云实际上是其他星系，它们的大小与我们的银河系相似，但距离我们有几百万光年，其中大多数还在继续远离我们。因此，宇宙不仅比我们想象的要大得多，而且每时每刻都在膨胀，宇宙中的星系就像一块正在发酵的面包里的葡萄干一样在分离。

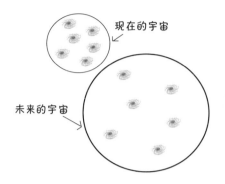

现在的宇宙

未来的宇宙

　　不断膨胀的宇宙意味着λ现在可以等于零，尽管它并不一定等于零。这对爱因斯坦来说已经足够了。没有片刻的犹豫或不舍，他果断抛弃了λ，称它"在理论上不令人满意"，并宣布它就是零（不知道是不是与此相关，爱因斯坦在恋爱分手时也这样不留情面）。他后来写道："如果哈勃的膨胀说在广义相对论创立之时就被发现了，那么这个宇宙学成员（指的是λ）就永远不会被引入。"据他的朋友乔治·伽莫夫（George Gamow）说，爱因斯坦曾坦言"宇宙学常数的引入是他一生中犯下的最大错误"。

　　一些人认为，爱因斯坦把未能预测宇宙的膨胀归咎于λ，而这本该是广义相对论皇冠上的宝石。不过，几乎没有证据表明他是这么想的。爱因斯坦野心勃勃地研究宇宙学，目标很明确，就是要证明广义相对论可以建立一个具有普适性的模型，而且他从来没有哀叹过什么"失败的预测"。相反，他对λ的怨恨似乎来自一种个人的审美偏好，即积分常数应该等于零，就像那些坚持认为小孩不应该出现在公共场所的人一样。

快走吧，λ！这里不再需要你了！

　　不管爱因斯坦到底为什么评价λ是他犯下的"最大错误"，他真正的错误其实是这个评价本身。

1998年，人们发现宇宙不仅仅是在膨胀，而且这样的膨胀正在加速。如同平地一声雷，沉寂了半个世纪的宇宙学定律复活了——它甚至以大写字母的姿态重回人们的视野。如今看来，Λ 根本不是零：它捕捉到了"暗能量"的存在，这是空旷空间里的一种特殊存在，与引力相抗衡。根据我们目前的探索，它占据了宇宙质量总和的68%。

因此，爱因斯坦的积分常数不是一个可以忽略不计的错误。毫不夸张地说，它占了宇宙质量总和的三分之二。

从来没有人说过爱因斯坦是一个完美的数学家，尤其是爱因斯坦本人。"不要畏惧你在数学上遇到的困难，"他给一个12岁的笔友写道，"我可以向你保证，我遇到的困难比你还大。"有一本名为《爱因斯坦的错误》（*Einstein's Mistakes*）的著作声称爱因斯坦20%的论文有实质性的错误（希望不要有人写一本书名为《奥尔林的错误》，专门挑我的错误）。弗里兹·诺瓦（Frizz Nova）对此不以为意，他打趣道："从来没有犯过错误的人，应该是从来没有尝试过新东西。"

这就是积分常数。它们很容易被忽视，也很难诠释。有时候它们真的是零，而其他时候，它们其实暗含着关键信息。初学者可能会不小心忘记这个积分常数；而相比之下，科学家没有忘记它，他们返回去删除了它，并坚持认为它必须一直是零。

我不知道你们是怎么想的，但是对我来说，爱因斯坦的故事让我非常高兴能参与这个曲折的、不断膨胀的宇宙之旅。在这个旅程中，即使是常数，也在讲述着变化的故事。

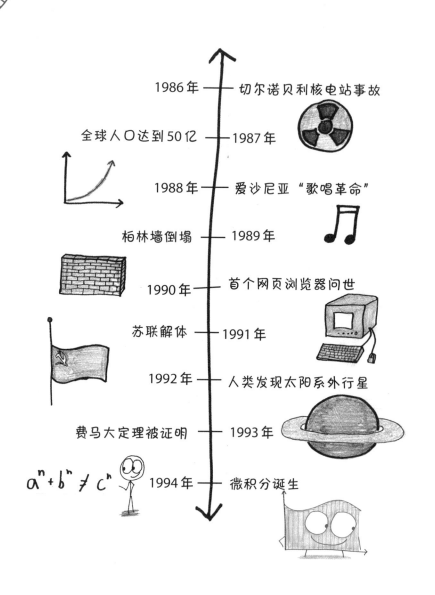

1986年 —— 切尔诺贝利核电站事故

全球人口达到50亿 —— 1987年

1988年 —— 爱沙尼亚"歌唱革命"

柏林墙倒塌 —— 1989年

1990年 —— 首个网页浏览器问世

苏联解体 —— 1991年

1992年 —— 人类发现太阳系外行星

费马大定理被证明 —— 1993年

$a^n + b^n \neq c^n$ 1994年 —— 微积分诞生

第22个永恒

20世纪末的一些重要发展。

第22章

1994年：微积分诞生的那一年

1994年2月，医学研究员玛丽·泰（Mary Tai）在医学期刊《糖尿病护理》（*Diabetes Care*）上发表了一篇文章，标题是《利用数学模型测定葡萄糖耐量和其他代谢曲线下的总面积》。

我知道，这多少有点标题党了，但请先忽略这一点。

不论何时，只要你吃了东西，糖都会进入你的血液。你的身体几乎可以从任何东西中制造出葡萄糖，甚至是菠菜或牛排，这就是为什么"奥尔林食谱"①跳过了中间环节，只愿意做肉桂卷。无论吃什么，你的血糖都会升高，然后随着时间的推移，再逐渐恢复正常。对健康来说，关键的问题是，血糖能升多高？下降的速度有多快？最重要的是，它的变化过程是怎样的？

"升糖反应"描述的不仅仅是一个峰值或一段持续的时间，而是一个完整的故事，是无数个微小时刻的集合。医生们想知道的是曲线下的面积。

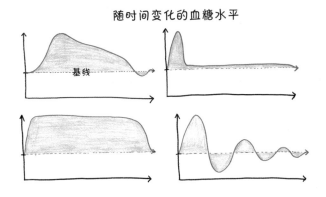

随时间变化的血糖水平

基线

---

① 作者本人的食谱。

不过呢，在这个问题上，他们不能直接运用微积分基本定理。因为微积分基本定理是用标准的公式定义的曲线，而不是通过连接这些实验数据的点而产生的曲线。对于如此混乱的现实曲线，我们需要一个方法求近似值。

这就是玛丽·泰这篇论文的用武之地，她文章中解释道："在这个模型中，曲线下的总面积是通过将面积划分成小块（矩形和三角形）来计算的，这些小块的面积可以根据它们各自的几何公式精确地计算出来。"

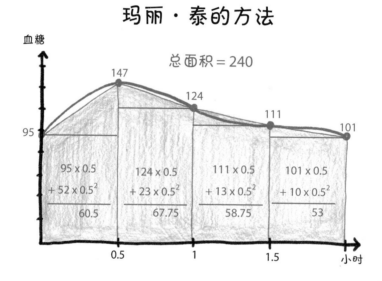

在文章中，玛丽·泰写道："其他公式往往会大大低估或高估代谢曲线下的总面积。"相比之下，她的方法更准确，误差在0.4%以内。这是个聪明的几何方法，但还是存在一个小问题。

这并不是玛丽·泰原创的方法。

在好几个世纪以前，数学家们就已经知道，在实际的近似值计算中，有比黎曼的矩形天际线更好的方法。尤其是你可以沿着曲线确定一系列点，然后用直线将这些点连接起来，这就产生了一系列细长的梯形。

梯形方法

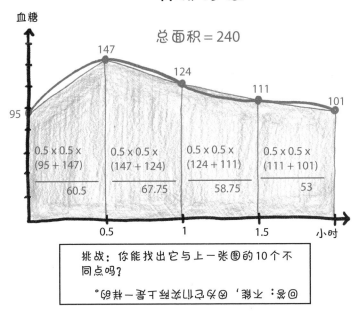

让我们先把1994年的故事放一放。说实话，这个方法在1694年，甚至公元前94年，都算不上新鲜，古巴比伦人就曾用它来计算木星的运行距离。它早已问世了几千年，本该出现在某个认真查资料的本科生的课后作业里；而玛丽·泰却将它写成了论文，之后论文不但顺利通过了专家的评审，还发表在了《糖尿病护理》上，而且好像每个人都觉得这个方法很新奇。

对此，数学家们可坐不住了。

事件#1：摇头。一位评论家给《糖尿病护理》写了一封信，信中说："玛丽·泰大费周章地提出一个简单的、众所周知的公式作为她自己的数学模型，而且还是以一种偶然和错误的方式提及它的。"

事件#2：嘲笑。一名网友评论道："对数学极度无知。"还有一些人写道："这也太搞笑了。"

事件#3：和解。"从这件事可以得出，计算曲线下的面积看起来并没有那么困难。"一名糖尿病研究人员写道。他此前发表的论文被玛丽·泰批评过（事实证明，这是基于错误的理解）。这封信以一种和解的口吻结尾：

"恐怕我要对造成混乱的原因负责。"

事件#4：说教。玛丽·泰坚称，她的公式并不是利用梯形求出的，而是利用三角形和矩形求出的。两位数学家反驳了她的观点，甚至为她画了一幅图："如下图所示……一个小三角形拼接一个矩形，就成了一个梯形。"

事件#5：自我反省。一名网友在评论一篇调侃此事的博客帖子时写道："作为一名自以为是的物理学家，在我觉得这很好笑之余，又忍不住想，这篇帖子会不会让我们这些旁观者看起来比他们更糟糕？……我敢肯定，你会发现很多物理学家正在非常幼稚地对医学或经济学侃侃而谈。"

不管怎样，在数学界，也有些研究人员会浪费时间做无用功。例如，传奇人物亚历山大·格罗滕迪克（Alexander Grothendieck）在研究生期间，就重构了勒贝格积分，而且他当时并没有意识到自己是在重复前人的工作。

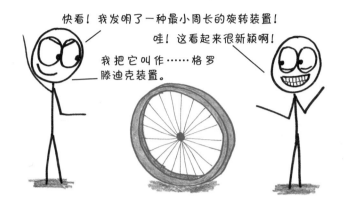

正如玛丽·泰所说，她无意美化自己的方法。"我从没想过把这个模型作为一个伟大的发现或成就发表，"她写道，"但是同事们开始使用它，而且……因为研究人员无法引用未发表的作品，我便应他们的要求，投了稿。"她只是想分享自己的想法，以便进一步调查。

唉，在学术界，发表论文的意义不仅仅是分享信息。它不仅是一种表达"我知道了××"的方式，也是一个记分牌，一个宣言："嘿，因为我发现了××，所以我知道了××，请大家高度尊重我。谢谢各位，晚安，好梦。"

这样的论文发表制度是存在缺陷的。数学家伊莎贝拉·拉巴（Izabella Łaba）写道："我们最基本和最重要的话语单位是一篇篇研究论文。这是一个相当高的要求。实际上，我们被要求首先要有一个富有创新性的、有趣且重要的研究成果，然后才能在学术界做贡献。"

拉巴将其比作一个通用货币面值最小为20美元的经济体。在这样的世界里，谁还会卖便宜的糕饼呢？你怎么说服人们买售价20美元的松饼，要么就只能将它们免费送人。玛丽·泰选择收取20美元，但这两种选择都不太好。拉巴写道："我们应当接受更小面值钞票的流通，接受人们做出不那么大的贡献——在某种程度上，比如说，一篇言之有物的博客评论。"

学术界所拥有的

学术界所需要的

积分不只是数学家的专利：水文学家利用它来检测污染物在地下水中的流动情况；生物工程师用它来检验肺力学理论；经济学家用它来分析偏离完全平等状态的社会收入的分配情况……积分属于糖尿病研究人员，属

于机械师，属于疯狂的俄罗斯小说家，属于任何一个需要求曲线下面积的人，即对无数个小块进行无穷求和的人。积分就像一个到处是钉子的世界里的一把锤子，它不仅仅属于锤子制造者。

但是教微积分课的老师们，包括现在感到羞愧的我，都可能会犯一个类似的错误。我们总在强调不定积分方法，但它只适用于理论情况下，因此，我们需要一个关于曲线的显式公式。这样一来，就使得哲学凌驾于实践之上，抽象凌驾于经验之上。

不过，梯形算法现在已经过时了。牛津大学的劳埃德·N. 特弗森（Lloyd N. Trefethen）教授写道："数值分析已经发展成为数学中最大的分支之一，对此有贡献的大多数计算方法都是在1950年之后发明的。"梯形算法自然不在其中。毕竟，尽管微积分很古老，但它仍然是一个不断发展的领域，甚至在1994年以后。

第23个永恒
一位道德哲学家的实验室。

第23章

假如一定会有痛苦

1780年，英国哲学家杰里米·边沁（Jeremy Bentham）说："大自然将人类置于两位至高无上的主人的统治之下。"他没有提及另外两位候选人（山核桃派和午睡，显然，它们还不至于拥有这样的力量），并将这对双胞胎君主命名为"**快乐**"和"**痛苦**"。我认为，这非常合理。而一旦接受了这个设定，只需再跨出一小步，我们就能到达边沁结论中的状态——我们应尽可能地将痛苦控制在最小范围，同时尽可能地将快乐传播到最大范围。

功利主义就这样诞生了：这是一种哲学，和其他类型的哲学一样，初看还好，越看越令人头疼。

功利主义要求我们让最多的人实现利益的最大化。有11个人享受了背部按摩总比10个人好，有0张脸挨耳光总比有1张脸挨耳光好……这样的判断很简单。但是，如果快乐和痛苦是一一对应的，情况会如何呢？想象一下，举一个非常极端的例子，假设我们能够通过踢人的小腿来拯救生命，我们该如何权衡利弊呢？如果能拯救一条生命，有50条小腿被踢肯定是值得的，即便是500条也值得。那么，5万条，或者500万条呢？如果我们需要踢遍地球上的所有小腿才能拯救一条生命呢？如果每次被踢后的胫部疼痛都会持续1分钟，那么全球范围内所有人的疼痛时间加起来，就相当于200个人的生命时长，而这一切都是为了拯救一条生命。这样做还值得吗？牺牲一人，保全众人，会不会更好呢？

应该有人为了全人类的小腿而牺牲性命吗？

功利主义把伦理归结为一种数学，哲学家们则称之为"幸福微积分"。

为了评判某个预期的行动是否值得，我们需要对它将导致的快乐和痛苦进行量化，从而进一步地权衡快乐和痛苦。对此，边沁很好地概括了相关的参数：

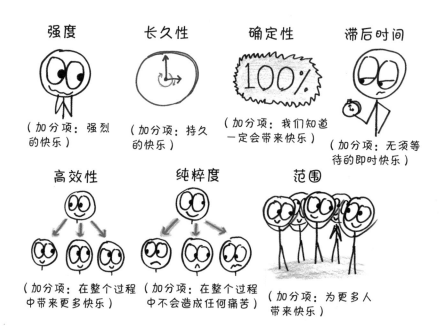

他甚至为立法者们写了一首小曲，以帮助他们在为法律辩论时牢记这些标准：

> 强烈的、持久的、确定的、迅速的、高效的、纯粹的，
>
> 这些都是在快乐和痛苦中的记号。
>
> 对个人来说，直接追求快乐，
>
> 对公众来说，应该让快乐广泛地传播。
>
> 无论从什么角度，痛苦都要尽量避免：
>
> 如果一定会有痛苦，就要尽量控制痛苦蔓延的范围。

说实话，我非常喜欢诗，好的诗喜欢，有些写得不那么好的诗也喜欢。不过，在这个问题上，我倒是希望边沁能够尝试用写代数教材的方式

来写作——我也没想到自己会说出这种话。诗人艾米莉·迪金森（Emily Dickinson）曾经写道："就像处理代数一样对待灵魂！"

边沁同意这个观点，但却拒绝表现得像个真正的代数老师。带序号的练习题、研究过的例题、写在阴影框中的定理……代数教材中的这些要素，在他的作品中都没有出现。整整一个世纪后，经济学家威廉·斯坦利·杰文斯（William Stanley Jevons）才开始尝试，试图从实际的微积分中建立一个"幸福微积分"。

第一步，他宣布用 y 轴来描述某种情绪的强度。

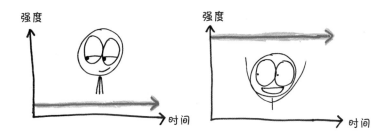

同时，用 x 轴来描述这一情绪的持续时间。

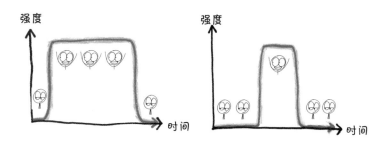

举个例子，假设你正在听Outkast[①]的《如此鲜活，如此清澈》（So Fresh, So Clean），这首歌的时长是4分钟，能够给你持续带来一种"难以抗拒的凉爽"的愉悦感。计算这种体验所带来的快乐是一个简单的乘法运算，就像求矩形的面积一样：

---

① 美国说唱二人组，1992 年成立于美国佐治亚州亚特兰大，由 André 3000 和 Big Boi 组成。

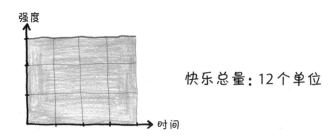

快乐总量：12个单位

杰文斯写道，"但如果快乐的强度……会随着时间的变化而变化"——对于那些不如Outkast那么完美的组合来说，这种情况经常发生——那么"快乐的总量就是通过无数个无穷小部分的求和或积分得到的"。

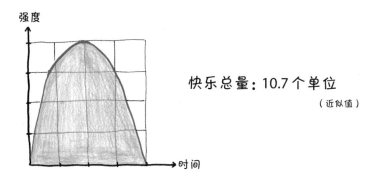

快乐总量：10.7个单位

（近似值）

在杰文斯的模型中，2分钟一流的背部按摩所带来的快乐在某种程度上"等同于"5分钟还不错的背部按摩。从某种意义上说，两个小时的普通尿急"等同于"30分钟的极度尿急。

美国著名诗人罗伯特·弗罗斯特曾在一首诗的标题中写道："欢乐唯以用高度来弥补其在长度上的不足。"杰文斯使这种关系变得更明确、更数学化了。

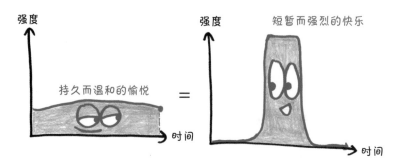

杰文斯还断言，痛苦和快乐可以相互中和、相互抵消。一些功利主义者对此表示不赞同，他们认为 "hedonons"（快乐的单位）和 "dolors"（痛苦的单位）就像苹果汁和橘色毛衣一样，两者没有可比性。而杰文斯则宣称，快乐和痛苦只是"像正数和负数，表示相反意义的量"。

如果说边沁把伦理道德问题简化为了数学运算，那么杰文斯打算再往前迈一步，将其简化为简单的测量问题，这样一来，伦理学就变成了一种收集数据的练习。如果杰文斯的方案成功了，那么以后做出正确的选择就会像给一个包裹称重或是核对一份杂货店账单一样简单。他承诺，要重新安排我们生命中那无数个极其短暂的时刻，让它们合并成一个积分，并呈现出清晰的道德结构，而这一成就你可以称为人类道德史上最伟大的突破。

不过在我看来，这个方案不会达到预期的效果。

在杰文斯之后的一个世纪，由丹尼尔·卡尼曼（Daniel Kahneman）领导的一个心理学家团队开始研究一种特殊的疼痛体验：强迫人们把自己的手浸入冰水中（不得不说，心理学有时候就是针对反社会者的社会学）。第一个实验是，将一只手放在温度约13.9 ℃的水中浸泡1分钟。第二个实验是，将另一只手也放在约13.9 ℃的水中浸泡，浸泡时间是1分30秒，但在后30秒里，水温从13.9 ℃逐渐上升到15 ℃。

之后，受试者会被问：你更愿意重复哪一个实验？

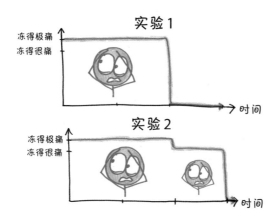

杰文斯的理论告诉我们，任何人都不应该选择第二个实验。在第二个实验中，受试者不但承受了第一个实验中的所有痛苦，还额外多了30秒钟没那么痛苦的痛苦。除非你是生活在北极的某种哺乳动物，或是受虐狂，抑或两者兼有，否则增加的这30秒冻手时间对你来说应该没有什么吸引力。

然而，第二个实验恰恰是大多数受试者的选择。在回顾一段经历时，人们往往会忽略它持续了多长时间。相反，他们更关注的是其中的**极端情况**和结局，也就是最大的痛苦和结束时的痛苦程度。和第一次实验相比，尽管第二次实验带来的最大痛苦程度与此前相同，但因为它是以稍微不那么痛苦的状态结束的，因此在受试者的回忆中会更美好一些。

情绪作为人类记忆的一部分，和杰文斯式的积分并不相同。在关于情绪的记忆中，最终篇章的分量往往最重要。这让我想起了雷·布拉德伯里[1]的见解："一部过程精彩的电影，如果配上平庸的结局，就会变成平庸的电

---

① 雷·布拉德伯里（Ray Bradbury），美国科幻作家。

影。相反，一部勉强过得去的电影，如果加上一个精彩的结局，就会变成一部优秀的电影。"是什么决定了一个故事是快乐的还是悲伤的，是愤世嫉俗的还是充满希望的，是悲剧还是喜剧？是结局，只此一个，别无其他。这也是为什么我们会火急火燎地去看临终的病人、见他们最后一面，为什么我们会对一个人临终前的遗言念念不忘，以及为什么生命的最后几分钟可以重新定义此前 80 年的人生。

主观经验和人类的情感是功利主义建立的基础。有时候，这个基础看起来不太像坚固的基层岩，反而更像是活跃的岩浆流。因此，对于希望将伦理道德问题转化为数学微积分的经济学家来说，这是一个严峻的挑战。

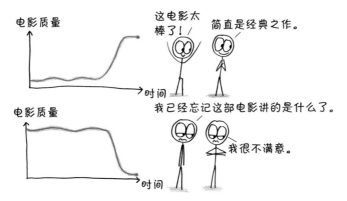

即便如此，功利主义在我们的道德领域仍然是一个蓬勃发展且不可或缺的声音。当然，关于功利主义要求的"让最多的人实现利益的最大化"，我们可能会质疑怎样才是"利益的最大化" [19 世纪的经济学家约翰·斯图尔特·密尔（John Stuart Mill）说："不知足的苏格拉底总比知足的傻瓜好。"]，或者哪些群体应当被计入"最多的人" [哲学家彼得·辛格（Peter Singer）警告说："大多数人都是物种学家。"]，或者如何把数十亿人的主观经验汇总成单一的总和（也许托尔斯泰能帮上忙？）。我们可能会拒绝全盘接受杰文斯的道德微积分算法，但每当我们构建出一个能够更好地匹配复杂的情感现实的新模型，开始进行自己的道德微积分计算时，通常都是在追随杰文斯的脚步。无论目标是否明确，无论算法是否完全一致，我们在生活中的各种选择都基于一种关于"幸福微积分"的计算。

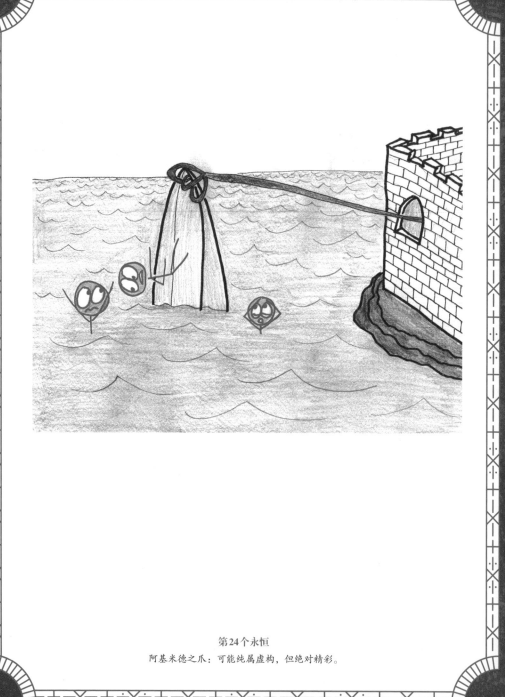

第24个永恒

阿基米德之爪：可能纯属虚构，但绝对精彩。

第24章

与众神作战

你知道罗马人是怎样的吧？他们骁勇善战、不苟言笑，建造的大理石"垃圾"在世间遗留千年。在公元前212年，他们的军队来到西西里海岸，想要征服顽强抵抗的小城锡拉库萨。正如历史学家波利比乌斯（Polybius）所描述的那样，罗马人全副武装而来，乘坐的60艘大船上"载满了弓箭手、投石手和标枪手"，更不用说船上那4架巨型攻城云梯了。

但是，锡拉库萨人也知道那句古老的谚语，即"如果你在罗马人的地盘上，罗马人怎么做，你就怎么做"[①]。也就是说，他们现在要做的就是和罗马人一样殊死搏斗。因此，锡拉库萨人用大大小小的弹弓发射出巨大的石块、铅块和大量的铁飞镖。然后庞大的机械爪子从城墙内伸出，钳住罗马的战舰并狠狠摔下，这些船只"撞上陡峭的岩石"，"沉入了海底"。历史学家普鲁塔克（Plutarch）这样写道："罗马人眼睁睁地看着军队被一种不可见

阿基米德

足智多谋、胸怀大志的全能型选手

---

① 原文为"When in Rome's grip, do as the Romans do"，意译为"入乡随俗"。

的方式击溃，开始怀疑自己是不是在与众神作战。"

事实上，情况比他们想象的更糟：对手不是众神，而是阿基米德。

如果要你说出一个有史以来最伟大的数学家，阿基米德是个相当可靠的第一选择。伽利略称他为"超人"。莱布尼茨对阿基米德赞赏有加，说他拔高了人们对天才的期待，在他的光环之下，后来的思想家们都显得平平无奇。伏尔泰则写道："阿基米德比荷马更富有想象力。"诚然，阿基米德从未获得过数学界最著名的菲尔兹奖，但有一件事却能证明他的地位之高：菲尔兹奖章正面上的那个头像就是他本人。

你想感受一下他有多聪明吗？去拿一个正方体过来，然后把它小心地切成三部分。

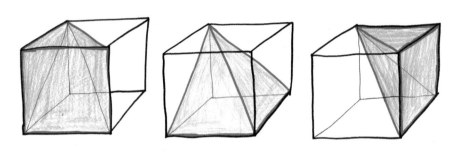

这三部分就像三个形状、大小完全相同的金字塔，而每个金字塔都有一个正方形的底部和一个尖顶。因此，每个金字塔的体积都必须恰好是原来立方体的1/3。

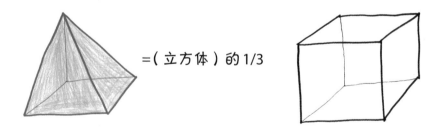

到目前为止，一切都很顺利，不过我们才刚刚开始。

拿起其中一个金字塔，把它横向切成无数片，每一片都要非常薄。如果我完成得不错——毕竟我的刀工笨拙，你最好还是用一把无穷概念刀来检查我的工作成果——每个横截面都应该是一个完美的正方形。

最底部的正方形正好就是原来立方体的底部，而最上面的那个正方形则很小很小，只是一个点。在这两个极端之间是无数个中等大小的正方形。

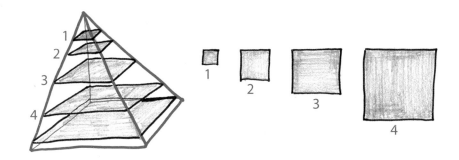

现在，让我们更进一步。把这些方块想象成无限张纸牌，每一张都很薄。如果将它们重新排列，叠放起来的整体体积并不会改变。这一次，在叠放的时候，我们让每个正方形的其中一个角重合。你可能会问，为什么不能把它们扶正，让每个正方形的**几何中心**重合呢？当然能了，这样一来，就把我们时髦的不对称金字塔改造成了经典的埃及金字塔风格。

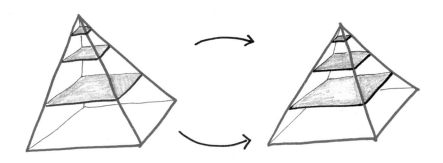

正如此前所说，整体的体积不会改变，仍然是最初那个立方体体积的1/3。

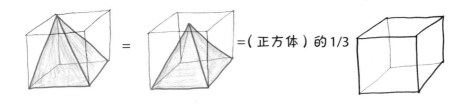

现在，我们得到了计算立方锥体积既巧妙又简便的方法。在1800年后，当数学家博纳文图拉·卡瓦列里（Bonaventura Cavalieri）重新发现这个方法时，他用自己的名字将其命名为"卡瓦列里原理"。事实上，这个方法最初起源于公元前5世纪的安提丰[①]，与公元前4世纪欧多克斯（他首先提出了我现在介绍的论证过程）的方法一起发展，在公元前3世纪阿基米德（我们很快会讲到他的突出贡献）的时代达到了无与伦比的高度。为了纪念罗马人的恐慌，我将把它命名为"无穷灾难原则"。

这个方法很简单。在一个三维图形中，当你将横截面的形状从正方形换成其他面积相同的形状时，它的体积并不会受影响。例如，我们可以把正方形换成等面积的长方形，现在这个被拉长的金字塔的体积仍然占了之前立方体的1/3。

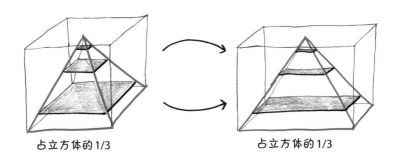

占立方体的1/3　　　　　　　　　　　　　占立方体的1/3

或者在大师级别的终极游戏中，我们还可以把这些方形都变成圆形。严谨地说，用纸笔这样画图只能"化圆为方"，而且在实践中，这是不可能做到的。"事必躬亲"是为体操运动员准备的名词，而我们只能在纯几何的

---

① 安提丰（Antiphon，公元前426—前373年），在哲学和数学领域都有突出贡献。在解决"化圆为方"的问题上，提出了"穷竭法"。

天空中滑翔。想象一下，每个正方形都慢慢地变成一个圆，同时它们的面积永远不变。

我们的金字塔变成了圆锥体，立方体变成了圆柱体。因此，一个圆锥体的体积刚好是和它等底等高的圆柱体体积的1/3。

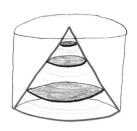

圆锥体的体积占了圆柱体的1/3

这个证明过程耗尽了我全部的精力

很酷，对吧？公元2世纪，普鲁塔克滔滔不绝地说：

> 在几何学中，不可能找到比这更困难、更复杂的问题，也不可能找到比这更简洁明了的证明……你进行再多的研究也无法获得证据，然而，一旦看到这样的证据，你会立刻相信自己已经发现了它。阿基米德通过如此顺利和快速的路径引导你得到所需的结论。

不过，这些几何级别的思考并不能让阿基米德得到"军事天才"的美誉。人们不禁要问：阿基米德那台摧毁罗马军队的战争机器从何而来？

普鲁塔克坚称："他设计和制造这些机器时，并没有把它们当成什么重要的事，只是作为几何学上的消遣活动。"虽然这听起来很奇怪，但这就是数学史中的基本模式。漫无目的地航行在幻想之旅中，然后以某种方式在未来带来技术上的突破。

虽然罗马人不太喜欢纯粹的数学探究，但他们肯定敬畏能一举摧毁船只的"死亡之爪"。马塞勒斯将军在意识到自己犹如反派后（就像《小鬼当家》中的反派一样），便和他的部队撤退了。

几个月后的一个下午，阿基米德正在沙地上绘制图表。我更愿意认为他当时正在重温他最喜欢的那个证明过程，也就是他让朋友和家人在他的墓碑上刻的那个定理。

那个始于一个球体的定理。

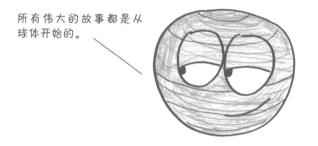

我们把这个球装到一个圆柱体里，使它与圆柱体完美贴合，就像自动发球机里的网球一样。

阿基米德的问题是，**球的体积占了圆柱体的多少？**

（事实上，他的问题更直接一些：球的体积有多大？但是任何对于物体大小的描述都需要有参照物。例如，把单位英尺作为参照物，我的身高大约为 $5\frac{2}{3}$ 英尺——这就是此处圆柱体的作用所在。）

首先，把整个球对半切开。我们不是把网球放在一个完美贴合的容器里，而是把一个半球放在一个冰球 ① 里。

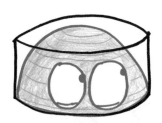

现在，我们不考虑半球的**内部容积**，先来看看它**外部的体积**。本着"无穷灾难原则"，我们可以把这部分想象成一堆叠起来的圆环，而且每个圆环的中间都切一个圆洞。

这一堆圆环的最底部是一个超细的环，它中间的洞非常大，几乎占据了整个圆环，只留下一圈极细的边。与此同时，顶部是一个非常粗的圆环，它几乎是完整的圆，上面只有一个极小的针孔。而在这两种极端情况之间，是一系列大小在它们中间的垫圈。

---

① 冰球的形状是扁矮的圆柱体。

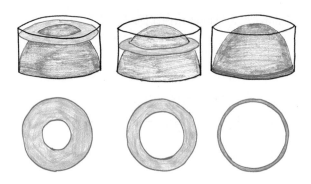

这些圆环的面积是多少呢？通过结合代数运算，我们可以推导出每个圆环的面积都是 πh^2，其中 h 是它到地面的距离。

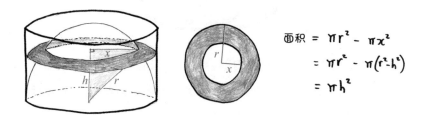

这就意味着借助"无穷灾难原则"，每一个圆环都可以用一个半径为 h 的圆来代替。

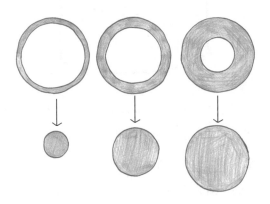

看！将它们一个个叠起来后，我们得到的不再是那个怪异的半球状火山坑，而是一个颠倒的圆锥。

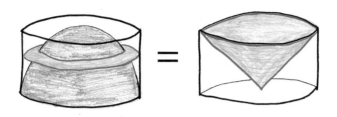

我们已经知道，圆锥体的体积是圆柱体的 1/3。因此，空的空间——过去是半球的那部分——占了圆柱体体积的 2/3。

所以得出结论：球的体积为圆柱体的 2/3。

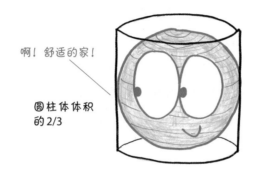

啊！舒适的家！

圆柱体体积的 2/3

有了西西里沙地上的这些图形，阿基米德憧憬着几千年以后才会出现的积分。面积和体积、无数个切片、连续性和曲率问题的解决……这些是积分的化学原料、原始汤剂，而后来的积分正是由此发展而来。那么，为什么全世界等待了这么久，微积分才诞生？

那一天，罗马军队终于攻破了这座城市。不过是短短几个小时，锡拉库萨就被烧毁了，士兵们疯狂地抢劫和杀戮。历史学家李维（Livy）写道："许多暴行都是在头脑发热和贪得无厌中犯下的。"即便如此，罗马军队的领袖马塞勒斯还是认为这位伟大的几何学家本应在这场战争中幸免于难。另一位历史学家则说："他拯救阿基米德的功劳几乎和摧毁叙拉古（如今称为锡拉库萨）的军功一样大。"

阿基米德甚至都没有注意到这座城市的沦陷。对他来说，与沙地上引人入胜的图形相比，战争中的掠夺和破坏又算得了什么呢？

　　阿基米德在面对凶神恶煞的罗马士兵时，到底说了什么？历史学家们对此意见不一。也许他恳求道："请不要破坏我的圆环。"也许他怒斥道："站远点儿，伙计，离我的图形远点儿。"也许他当时用手挡着沙地上的图形，仿佛他的思想比生命更宝贵："冲我的脑袋来，别碰我的图！"无论真实情况是哪个，大家都一致认为是那个士兵杀害了他。他的血流淌在沙地上，流到了那些他用手指画的沟槽中。马塞勒斯将军坚持要为他举行一场体面的葬礼，并以礼物和恩惠来慰问阿基米德的亲属，但这也无法改变这个创造"无穷灾难原则"的人死了的事实。

　　今天，阿基米德最伟大的遗产不在于弹弓和阿基米德之爪，而在于几何学。他清晰的论点、他对无穷的把握，以及他已经非常接近微积分的成就。或许，如果再给他一点点外力的推动，他是不是就能到达微积分领域了？那样的话，微积分在地球上出现的时间会比现在早几千年吗？

　　想想数学家阿尔弗雷德·诺斯·怀特海德（Alfred North Whitehead）的证词：

> 阿基米德死于一名罗马士兵之手，象征着世界发生了翻天覆地的变化：热爱抽象科学的希腊人在欧洲世界的领导地位被务实的罗马人所取代。

　　务实主义并没有错。嗯……或许，还真的有？19世纪英国首相本杰明·迪斯雷利（Benjamin Disraeli）将务实的人定义为"重蹈先人覆辙的人"。根据怀特黑德的说法，罗马人就是这样一个民族。在这个获胜的文明中，你找不到战败民族的想象火花。

> 他们的所有进步都局限于工程师的一些小小的技术细节。他们没有足够的梦想家……没有罗马人会因为专注于数学图表而丧命。

　　几个世纪后，当地的叙拉古人几乎已经忘记了阿基米德的遗产。古罗马著名政治家西塞罗（Cicero）在游历锡拉库萨时有心寻找阿基米德的坟墓，他发现它"隐藏在荆棘丛中"，"一根小柱子，就在灌木丛上方"。他从墓碑上的雕刻图案认出了它，正如阿基米德所要求的，有一个球体和一个圆柱体。如今，坟墓早已经消失，但证据仍然刻在我们的想象中——那是一种比灰尘、血液或罗马人的手工石雕更持久的媒介。

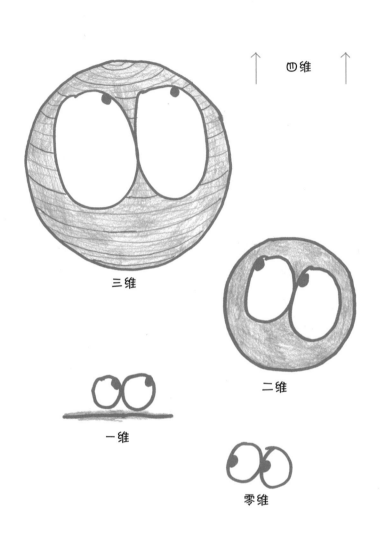

↑ 四维 ↑

三维

二维

一维

零维

第25个永恒

每个维度都对下一个维度充满了好奇。

第25章

从看不见的球体说起

《平面国：多维空间传奇往事》(*Flatland：A Romance of Many Dimensions*)
是一部写于1884年的经典中篇小说。正如书名中所说，故事发生在一个平面
世界，比煎饼还要平，比纸张还要平，比迈克尔·贝①电影中扁平化的女性形
象还要平。这是一个二维的宇宙，只有长和宽，没有高。然而，生活在这个
世界里的居民——三角形、正方形、五角形，以及其他类似的形状——却都
感觉不到空间的缺失。事实上，就像堪萨斯州的堪萨斯人，或者得克萨斯州
的得克萨斯人一样，它们无法想象这个世界之外的其他存在。

直到有一天，一个非常奇怪的访客造访。

起初，这个球体看起来只是一个不知道从哪里冒出来的点。然后，当
它穿过平面世界时，我们这个故事的叙述者（是个正方形，就暂且称其为
"阿正"吧）看到了一个圆圈，而且圆圈还在逐渐变大。

① 美国导演、制片人，生于1965年，执导影片有《绝世天劫》《变形金刚》等。

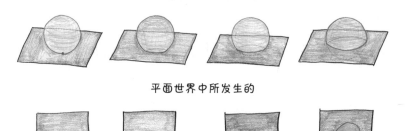

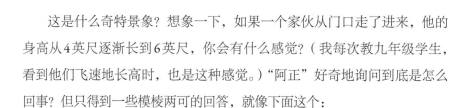

这是什么奇特景象？想象一下，如果一个家伙从门口走了进来，他的身高从4英尺逐渐长到6英尺，你会有什么感觉？（我每次教九年级学生，看到他们飞速地长高时，也是这种感觉。）"阿正"好奇地询问到底是怎么回事？但只得到一些模棱两可的回答，就像下面这个：

> 你可以叫我圆；但实际上，我不是一个圆，而是由无数个大小不等的圆盘组成的图形，它们小至相当于一个点，大到直径为十几英寸，一个叠着一个。当我像现在这样穿过你的平面世界时，我留在平面上的恰巧是一个你们称之为"圆"的部分。

在这个古怪又绕口的表述中，球体揭示了一种理解其本质的方式。球体由无数个半径不同的圆盘堆叠而成，每个圆盘都极薄。要了解这个球体，就必须把所有这些极薄的圆盘组合成一个统一的整体。

换句话说，球体就是圆的积分。

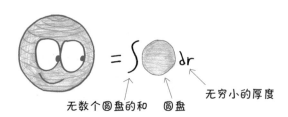

无数个圆盘的和　　圆盘　　无穷小的厚度

如果你上过大学一年级的微积分课，那你以前肯定遇到过这个概念。作为数学中的一部分，它将一种特殊的高速旋转运动引入了"体积"这一概念。

（请注意：如果你有晕动症，那就要小心了，因为这部分的重点正是"旋转"。）

首先，选择一个平面的二维区域。接下来，把它绕着一个轴旋转，就像材质坚挺的旗子绕着杆快速旋转那样。它经过的空间将形成一个三维物体，被称为"回转体"：

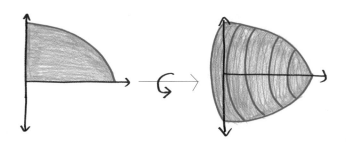

这个过程很像用转盘做陶瓷的过程，在转动的过程中，将二维区域变成三维区域，将平面世界变成空间世界。如果你想知道我们制作的陶器的体积，方法很简单。只需将这个立方体看成是无数个堆叠起来的无穷薄的薄片，然后再对它们进行积分。

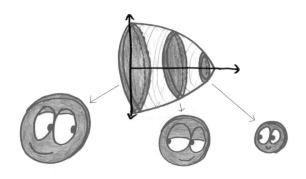

为了计算平面世界的这位球状不速之客的体积，我们必须首先选择合适的二维区域。什么样的形状，在像烤鸡一样绕轴旋转时，会产生一个直

径为13英寸的球体呢？

　　摆弄一下你脑海中的3D打印机，我相信你会发现，半圆就可以做到。

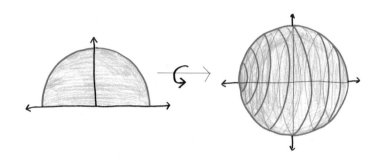

　　关于半圆，有一个有趣的事实：它们有无数条半径。而关于半径，也有一个有趣的事实：每条半径都可以构成一个直角三角形的斜边，这就意味着半圆上每一点的坐标都服从勾股定理。

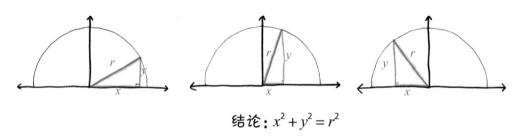

结论：$x^2 + y^2 = r^2$

　　通过几步简单的代数运算——作为一个体贴的主人，我暂且把这些步骤扫到地毯下面，藏起来——我们就得到了合适的积分。这将是无数个薄片的集合。它的半径从最小的0开始，逐渐增加到最大的6.5，然后又下降到0，就像球体穿过平面世界时一样。

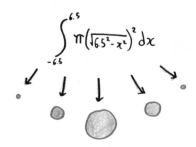

$$\int_{-6.5}^{6.5} \pi \left(\sqrt{6.5^2 - x^2} \right)^2 dx$$

此处，我将再次省去代数运算的细节，直接告诉你最终结果，神秘球体的体积为 $\frac{4}{3}\pi\,6.5^3$，或约为 1 150 个立方单位。

在上一章和这一章中，我们都计算了球的体积。也许你已经注意到两种方法的共性：二者都先把问题减半，都涉及无穷的分割，都能生成非常漂亮的图片。但它们给你留下了不同的感觉，对吗？我自己更喜欢阿基米德的方法，它更灵活、更巧妙，涉及精密的贴合，是一件工艺精湛、匠心独具、甚至具有艺术价值的作品。

至于"回转体"这个方法，怎么说呢，在精神上就不大能给人满足。在一个充满希望的美学开端之后（旋转！无穷的分层！），它却以几行野蛮的代数运算结束。这就像徒步旅行时，不知怎的就从风景优美的山顶进入了机场航站楼。就这样，一个优雅的谜题被简化为了技术性的练习。

这就是关键所在。

我们不可能都能成为阿基米德。事实上，统计数据表明，我们都不是阿基米德。如果只依靠类似阿基米德这种宇宙大爆炸般的智慧来解决问题，我们得等待上亿年。为了解决问题，我们需要把它们从神秘的变成机械的，从流动的变成固定的，把难以形容的变成显而易见的。

"回转体"就体现了这种精神。过去只有阿基米德才有能力走的路，现在我们都可以安全地走了。这就是微积分的全部意义所在：为令人望而生畏的难题提供一个系统的方法，让我们每个人都变成带有自动导航装置的阿基米德。从立方体到圆锥体，到金字塔，再到米老鼠玩偶，许多形状都能通过立体旋转的方法来解剖和理解。

在我们勇敢无畏、备受震撼的平面世界英雄"阿正"眼中，这一切会是什么样子呢？你可能还记得，在故事的开头我就说了，"阿正"是看不到三维空间的，甚至也无法想象三维的世界。看看这段来自平面世界的视角的描述：

> 在三维世界中，如果你把一枚硬币放在桌子中央，从正上方俯视它，它就成了一个圆形。
>
> 然后，请回到桌子的边缘，慢慢降低你的视线（这样就能越来越接近平面世界居民的处境）。你会发现眼前的圆形硬币变成了越来越扁的椭圆。最后当你把眼睛完全放在桌子边缘时（实际上就是平面世界的视角），硬币将不再是椭圆形，而是变成了——正如你所看到的——一条直线。

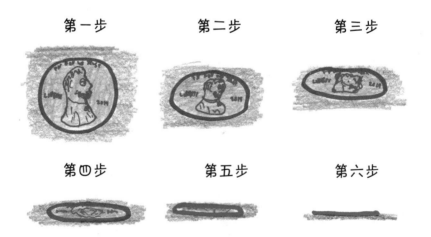

作为生活在三维世界中的生物，我们看到的世界是二维的；我们的视野就像画家的画布或电影屏幕。同样的道理，生活在二维的平面世界中的生物，看到的世界是一维的，而他们的视野则是一条无遮挡的地平线，并且地平线的上方和下方都是一片空白。

那么，你要如何向这个可怜的家伙解释第三个维度呢？在这个故事中，球体的尝试是徒劳的：

> 我：我不理解第三个维度的意思，阁下能解释一下那具体是什么方向吗？
>
> 陌生人：我就是从那里来的。第三个维度既在地平线上面，又在地平线下面。
>
> 我：噢，我的天，阁下的意思大概是北边和南边吧。
>
> 陌生人：我不是那个意思。我说的是一个你看不见的方向……如果你想看到空间世界，那你的眼睛不能放在世界的边缘，而应该放在你那边，应该这么说，你可能会把那个地方叫作"你的内部"，但我们在空间世界里把它称作"你那边"。
>
> 我：我的内部有只眼睛？我的内部有只眼睛！你在开玩笑吧？

当语言和直觉都不起作用时，我们就只剩一条路可走了。啊，不，当然不是给"阿正"喂迷幻剂啦。我指的是微积分。即使"阿正"对来访者球体的形状还是没有概念，他仍然可以通过微积分计算出来访者的体积。微积分的运算不需要什么深入的理解或亲身体验，只需要在技术上熟练就可以了。

有疑问了，就进行计算。

《平面国》这本书是我上大学时一个朋友推荐的，他说："这是你最接近第四维度的机会。"在这本书的最后，"阿正"要求球体向他展示的不仅仅是三维，而是四维：

你想想看，你比平面世界中的所有形态都高级，你的形状是把无数个平面的圆形组合在一起，所以毫无疑问，在你之上还有一个人，能把无数个球体组合在一个至高的存在里，他比空间世界中的所有形态都高级。就像我们现在身处空间世界，俯瞰着"平面世界"，看着万物的内部一样，在我们的上方，肯定还有一个更高、更神圣的地方，而在那里，有人正俯瞰着我们……

球体拒绝了关于比自己更高级的生物的想象。他大喊道："呸！什么玩意儿！别闹了！"

不得不承认，我对球体的崩溃能够感同身受。如果真的存在第四个空间维度，那我们的三维现实不过就是构成它的其中一个无穷薄的切片。或许某一天，一个来自四维世界的访客会突然出现在我们的世界，并且忽大忽小、不停变化，因为我们一次只能看到它的一个横截面——看不全这个生物的整体，只能看到其中极薄的一层。

不过，虽然我可以把这个道理和过程说出来，但就像薄饼上的糖浆一样，我无法画出这个场景。

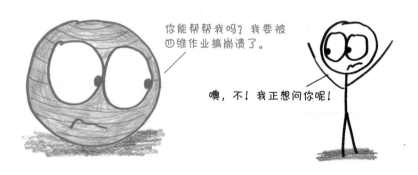

好在，正如之前所说的，阿基米德那样的智慧不是人人都有，但几乎人人都可以学着用微积分。为了计算一个四维球体的体积，我只需要对一个由无穷个三维球体组成的集合进行积分：

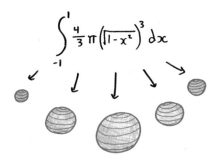

$$\int_{-1}^{1} \frac{4}{3} \pi \left(\sqrt{1-x^2}\right)^3 dx$$

　　求这个积分时，我写了整整一页的代数运算，并结合了几位热心网友的指导意见。最终，我得出了结果。

　　这让我想起了数学家史蒂夫·斯托加茨（Steven Strogatz）对自己学生时代的描述：

　　　　我就是个研磨机……做事的风格很残忍。面对问题时，我会寻找解构这个问题的方法。就算这个过程令人厌恶也好，费力也好，需要耗费数小时的代数运算也好，我都不介意，因为正确的答案肯定会在诚实的努力之后出现。事实上，我非常喜欢数学的这一面，它有其内在的公平性。如果你一开始就做得很好，努力工作，把每件事都做得很好——这可能是一个艰难的过程，但你从逻辑层面上能够确信自己最终会胜利。而最终得到的解法就是对你自己的奖励。

　　　　看到代数的硝烟散尽，我会有一种苦尽甘来的快乐。

　　瞧，这就是微积分给我们的礼物。它证实了我们关于宇宙的正义感，支撑着我们对艰苦工作的信念，也坚定了我们对"苦心人天不负"的信心。在这种情况下，当硝烟散去，你最终看到来之不易的四维超球体的体积：它变成了相当可爱的 $\frac{\pi^2}{2}$。

　　请注意，这个数的单位是一米的四次方（quartic meters）。这意味着什么呢？我不知道，但我敢打赌，阿基米德肯定也不知道，那我就安心了。

Suppose epsilon is greater than zero. No, wait. Suppose epsilon IS zero. Like, where does that leave delta? Better be a continuous function, folks....

By Cantor's Beard

With a Heaviside Heart

Hilbert's Guest List

Dedekind Scissors

Galois' Early Work

Epsilon < 0

第26个永恒

大卫·福斯特·华莱士做了一个无穷的手势。

第26章

高耸入云的抽象果仁

这一章要讲的故事和1996年出版的一本书中的两页尾注有关。这听起来似乎很神秘，说实话，它确实很神秘，简直不可思议。这份尾注中引入了一个棘手的、像沙漠中的仙人掌一样的主题——从微积分入门的沙漠到实验小说的奇异温室。这本书就是大卫·福斯特·华莱士（David Foster Wallace）的《无尽的玩笑》（*Infinite Jest*），它被评价为"一部大师级的杰作""令人生畏且晦涩难懂""代表了过去30年美洲小说的最高水准""一个巨大的、百科全书式的概要，似乎囊括了华莱士脑海中的一切"。

我想不明白，在这样一部天马行空的小说中，华莱士为什么会强迫自己的灵魂进行这种奇怪的幻想？为什么要花两页令人窒息的篇幅来讨论积分的中值定理[①]呢？

那么，中值定理和他，或者他和中值定理到底有什么关系呢？

尽管名字听起来有点儿华丽，但中值定理其实是个相当简单的命题。想象一个在一段时间内不断变化的量——上升、下降、下降、上升。中值定理断言，在这样的波动中，有一个神奇的时刻，也就是这个变量的值等于其在整个过程中的平均值的瞬间。

以自驾游为例。假设你在4小时内前进了200英里，在这个过程中，你的速度一直在波动。这样算下来，你的平均速度就是每小时50英里。

[①] 中值定理，mean value theorem，简称MVT。

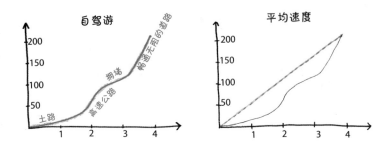

中值定理让我们确信——在你的旅程中，至少有一个高光的时刻——你正好在以每小时50英里的速度行驶着。

神奇的时刻

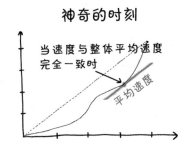

其中的逻辑其实很简单。在这4个小时内，你的时速有可能都在50英里以上吗？不可能，否则你的行进里程就会超过200英里。有可能始终保持在每小时50英里以下吗？不可能，否则你的行进里程就会不足200英里。那么，你的速度会不会从每小时50英里以下直接跳到每小时50英里以上，而且中间从没有过每小时50英里？除非你开的是加速版德罗宁，否则也不可能。因此，我们可以得出结论——至少有一个瞬间——你的前进速度正好是每小时50英里。

再举一个例子，假设温度在一天中不断波动，上升、下降、再上升……你没话找话时就会尴尬地谈论天气，因为"谈论天气"是社交活动中的默认话题。

现在，我们要如何找到"平均"温度呢？

在求一系列数字的平均值时，我们会先把它们加起来，然后除以数据集，也就是这些数字的个数。如果你在最近三次测试中分别得了70分、81

分和89分，那么你的平均分数就是总数（240）除以数据集（3），结果是80
分。但是，对温度来说，它是不断变化的，所以会有**无数个**数字，每个数
字代表一天中的某一刻。要把它们全部加起来，得到总和，我们则需要进
行积分。

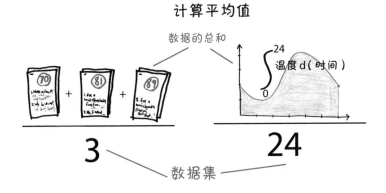

请注意，在下图中，积分比左边的矩形小，比右边的矩形大，正如平
均温度比最大值小，但比最小值大。

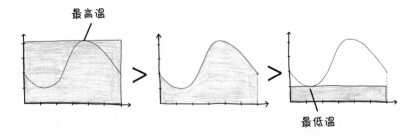

中值定理能告诉我们什么信息呢？简单地说，在一天中，会有某个时
刻，温度正好等于平均温度。

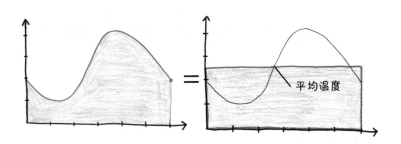

关于中值定理，就介绍这么多了。现在我们把注意力转向DFW，也就是大卫·福斯特·华莱士本人，看看他是如何理解这个技术性的小定理的。在《无尽的玩笑》的第322页，我们能看到一个叫作"Eschaton"的"复杂的儿童游戏"。玩这个游戏时，需要"400个光秃秃的旧网球，旧得甚至不能再用于发球练习的那种"，每个球代表一个热核弹头（也就是氢弹）。玩家分成不同的小组（代表来自世界各国的参与者），然后获得分配的弹头，通过中值定理计算积分。

书中此处有一个尾注，指引我们来到第1 023页。通过这个尾注，我们了解到，对于每个国家，有关核武库规模的统计数字是：（GNP[①] × 核费用）÷（军事费用）²。这个数字越高，国家核火力就越大。但是，Eschaton并没有按照**当前值**来分配"网球核弹"，而是根据这个值在过去几年的**变化的平均值**来计算，（据华莱士所说）计算时需要用到中值定理。

如果你无法理解上述内容，别害怕。事实上，这一切对任何人来说都毫无意义。

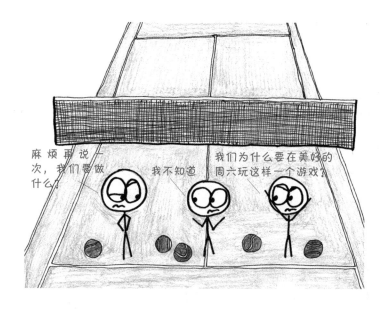

---

① 国民生产总值(Gross National Product，简称GNP)，是一个国家（或地区）所有常住单位在一定时期（通常为一年）内收入初次分配的最终结果。

　　可以说，中值定理就是所谓的"存在定理"。它告诉我们，一天中必然有某一刻的温度正好是日平均温度。但是它不会，也不能告诉我们这一刻发生的时间和地点。它只是告诉我们该去大海里捞针了，并向我们保证针确实是存在的，就在那些无穷时刻中的某个地方。

　　我不得不反复阅读华莱士的尾注，以说服自己接受：他调用中值定理是为了计算。但是我失败了，这说不通。我甚至还没有讨论他在选取统计数据方面的问题（为什么要为了非核军事开支而惩罚那些国家），或者关于中值定理的错误解释（他坚持认为，平均值的计算只需用到最小值和最大值）。整篇文章都是裴德·万尼斯基式[1]的哗众取乐。

　　这只会强化我最初的问题：为什么是华莱士？到底是为什么？

　　在华莱士的笔下，数学是将他的生活叙述联系在一起的线索。有一次，他写道："当我还是个孩子时，我常常编造芝诺二分法的简单版本，然后反复思考和研究它们，直到把自己搞恶心。"就连他的网球天赋都可以归因于数学。他写道："我被认为是一个物理学者，一个关于风和热的药剂师……能把复杂的、旋转的月亮球[2]打回去。"在华莱士的记忆中，他那位于美国中西部的家（伊利诺伊州的厄巴纳）就是一个巨大的笛卡尔平面：

　　　　我是在以地平线为坐标轴的向量、线和网格中长大的，还有各种由自然地理因素形成的广阔曲线……我在开始正式学习积分或变化率这类概念之前，就已经可以在陆地和天空的交界处，用眼睛画出这些广阔曲线后面和下面的面积。毫不夸张地说，微积分对我来说简直是小菜一碟。

　　然而，在阿默斯特学院读本科时，他遇到了数学上的第一个障碍。他写道："有一次，我的基础数学课差点儿不及格，从那以后，我就对传统的

[1]　裴德·万尼斯基（Jude Wanniski）是《无尽的玩笑》中第13章中的主角之一。
[2]　网球术语，指又高又深，掺杂强烈上旋的球。

高等数学教育充满了厌恶。"他是这么说的：

> 大学数学课几乎完全由有节奏地摄取和反刍的抽象信息构成……
> 这样的问题在于，它们纯粹的浅层难度会让我们误以为自己真的学会
> 了，而实际上，我们真正"学会"的只是运用它们的抽象公式和规则。
> 很少有数学课会告诉我们某个公式是否真的重要、为什么重要、是怎
> 么来的，以及和什么密切相关。

我的一些学生也遇到过和华莱士类似的令人沮丧之事，这驱使他们中
的大多数人选择自己去寻找数学应用的具体例子。但是，华莱士就是华莱
士，他朝着相反的方向狂奔，奔向这门学科最令人眩晕和抽象的角落。"在
数学和形而上学等领域，"华莱士滔滔不绝地说，"我们会遇到普通人思维
最奇怪的特征之一，严格来说，那是一种对我们无法想象的事物进行设想
的能力。"正如数学家乔丹·艾伦伯格（Jordan Ellenberg）观察到的："他爱
上了技术科学和分析。"

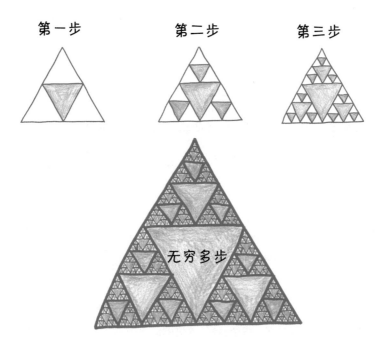

成为一名职业作家后，华莱士还是经常绕回到数学领域。在一次采访中，他解释说，《无尽的玩笑》这本书的结构借用了一个臭名昭著的分形，叫作"谢尔宾斯基三角形垫"（Sierpinski gasket）。

大卫·福斯特·华莱士与数学的"爱恨情仇"在他的著作《穿过一条街道的方法：无穷大简史》（*Everything and More : A Compact History of Infinity*）中达到高潮。这是一本晦涩难懂的技术性专著，讲的是华莱士最喜欢的现代数学分支——康托尔[①]的无穷理论。

其实，《无尽的玩笑》这个书名还不够直白，无法完全表现出华莱士对"无穷"的热爱：

> 这是一种脱离实际经验的终极方法，从现实世界中最具普适性、压迫性的那个特点着手，即一切都将终结、都有限度、都会消逝，然后抽象地设想出某个没有这种特点的事物。

读完《穿过一条街道的方法：无穷大简史》后，我接着读了郑乐隽[②]的《超越无穷大》（*Beyond Infinity*），这构成了一种有趣的对比。作为一位研究型数学家，郑乐隽选择写一部轻松愉悦、非技术性的科普作品，书中充满了友好的类比。而华莱士作为一位小说家，却选择用一长串令人生畏的符号进行写作，让人感觉相当落后。哲学家大卫·帕皮诺（David Papineau）在《纽约时报》的一篇评论中写道："人们好奇华莱士到底是在为谁而写作。如果他愿意删除一些细节，不要试图把他知道的一切都告诉我们，他的作品可能会拥有更多的读者。"

这是对华莱士的打击。毕竟，他一直**希望**把自己知道的一切都告诉大家。

① 格奥尔格·康托尔（Georg Cantor，1845—1918），德国数学家、集合论的创始人。
② 郑乐隽（Eugenia Cheng），华裔数学家、科普作家，世界百强名校英国谢菲尔德大学理论数学领域的荣誉研究员，芝加哥艺术学院的客座科学家。

　　在我看来，华莱士对数学的兴趣在很大程度上是被那种排斥他人的特质吸引了。他曾经写道："现代数学就像一座金字塔，而受众广泛的基础知识往往并不有趣……数学也许是人类能够触及的终极爱好。"

　　举个例子，关于中值定理的一个前辈：中间值定理[①]。我的很多学生都认为中间值基本上就是用数学术语对显而易见的事实进行的粉饰。说人话就是，如果你在某一年的身高是5英尺，一年后身高变成了5.3英尺，那么在这一年里的某个时刻，你的身高一定是5.1英尺。

　　可以说是毫无惊喜。

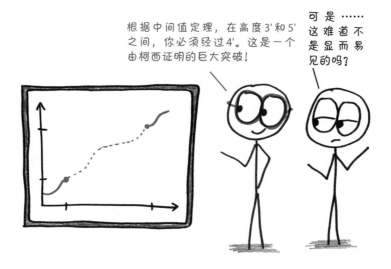

　　而在数学课本中，这个道理是这么说的：如果一个函数$f(x)$是连续函数，其中$a \leq x \leq b$，且$f(a) \leq k \leq f(b)$或$f(b) \leq k \leq f(a)$，那么存在一些c，能满足$a \leq c \leq b$和$f(c) = k$。

　　因此，为什么要用这一大堆符号来表达这样一个毫无意义的概念呢？

　　这么说吧，在19世纪，也就是华莱士在《穿过一条街道的方法：无穷大简史》中探索的时期，数学家们被一些关于无穷的新问题所困扰。哪些类型的求和能够收敛？哪些不行？我们到底知道什么，又是如何知道的？

---

① 中间值定理，Intermediate value theorem，简称IVT。

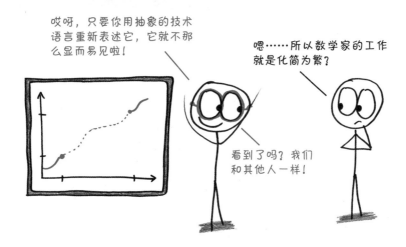

一群数学家小心翼翼地试图重建微积分：不依靠几何或直觉，而是依靠算术不等式和精确的代数表述。也正是在这段时间，中间值定理和中值定理成为数学领域的概念。如果你想一步一步地证明微积分中的每一个事实，那么这些定理是必不可少的。

但是，这是唯一真正的"数学"吗？早先的几代人，从阿基米德到刘徽，再到阿涅西，难道不都是在跌跌撞撞地向严谨的"正确"概念迈进？

当华莱士歌颂数学时，他指的是一种特定的数学：一种因偶然的历史原因而诞生于19世纪的数学，它更接近分析哲学（华莱士的本科专业），而不是丰富的几何学、组合学等数学分支。华莱士称之为"高耸入云的抽象果仁蜜饼"，它捕捉到了努力的甜蜜果实，但却让许多学生感到困惑或毫无意义，他们对如此密集的术语的使用感到畏惧和恶心。华莱士在这部小说中展现了其天马行空、错漏百出的想象，而小说唯一令读者印象深刻的就是读来让人一头雾水。这样的数学是我大学时代很喜欢的一种艺术，但后来我渐渐远离了它，不是因为觉得它不好，而是因为它独特的美学并不是数学家所能欣赏的唯一美学。

数学由不同的线编织而成：公式与直觉，简单与深刻，瞬间与永恒。你可以有自己喜爱的线，但千万别把它错当成整条挂毯。

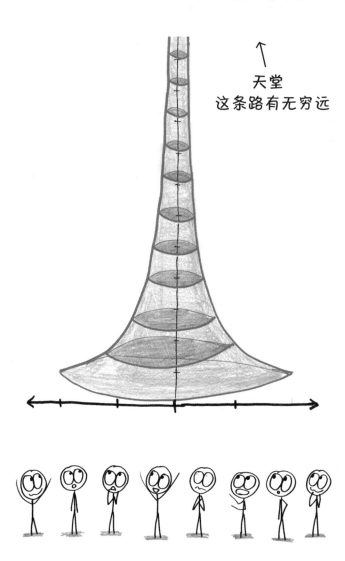

天堂
这条路有无穷远

第27个永恒
有限与无穷之间的秘密握手。

第27章

加百列，吹响你的小号吧

有一个古老的问题：万能的上帝是否能创造出一块连他自己都举不起来的石头？这个问题是一个神学陷阱。如果回答"不"，你就否认了上帝的创造力；而如果说"是"，你则否定了上帝上半身的力量。这个问题很好地解释了"悖论"一词，即逻辑给自己造成的创伤，以子之矛攻子之盾。这是一种伪命题，通过看似正确的假设，用看似正确的逻辑，得出看似疯狂的结论。

如果你认为神学孕育了悖论，那就一起来看看数学的表现吧。

"加百列号角"是我最喜欢的微积分悖论之一，它的名字取自大天使加百列。加百列的小号能够将信息从天上传递到大地，既奇妙又可怕，既是有限的又是无穷的，是一座连接凡人与神明的桥梁。对一个有内在矛盾的事物来说，这个名字恰如其分。

现在，我们来制作这把小号。首先画一条曲线，它的方程是 $y = \frac{1}{x}$。随着距离 x 的增长，高度 y 下降。当 $x = 2$ 时，$y = 1/2$。当 $x = 5$ 时，y 就下降到 1/5。就这样，x 和 y 都沿着坐标轴不断变化。

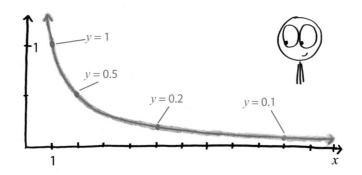

　　要不了多久，x就会变得非常大，而y则变得非常小。当x是100万时（距离原点大概有6英里远），y则下降到1/1 000 000，和细胞膜的厚度差不多。

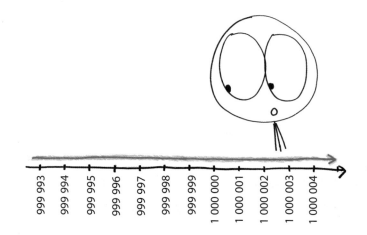

　　当x是10亿时——如果你是在洛杉矶读这本书，那x应该就已经到了莫斯科附近——y是1/1 000 000 000。根据我的计算，这大约是氦原子直径的一半。

　　然而，曲线仍在继续前进，且从未触及x轴。就这样，它朝着无穷远的地平线走去，我们将那里称为"无穷"。

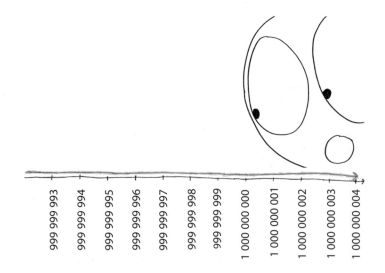

接下来，我们需要围绕 x 轴旋转这条曲线，以生成一个三维物体。旋转后得到的这位身材修长的佳人就是加百列号角，一个由无数个圆盘组成的集合，每一个圆盘都非常非常薄。

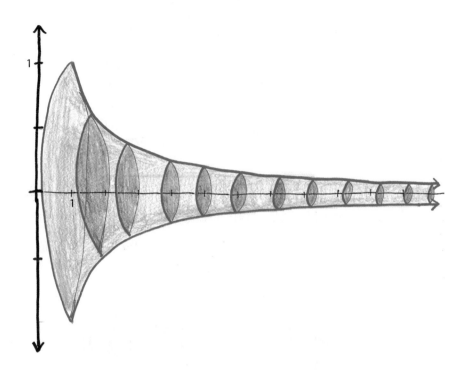

和其他三维物体一样，它有两种测量方法。首先，我们可以测量它的**体积**，也就是需要多少立方单位的水才能填满它；其次，还可以测量它的**表面积**，也就是需要多少平方单位的包装纸才能完全覆盖它。

我们首先看看体积的测量。在现实世界中，一个无穷的物体的体积不可能是有限的；你需要一个比原子还细的小号，但即便是最熟练的能工巧匠也无法制作出来。不过，数学存在于另一种不同的现实中，在那个世界里，这样的特技屡见不鲜。所以，我们还是按照标准方法建立积分 $\pi\int_{1}^{\infty}\frac{1}{x^2}\,dx$，求得其解为 π。因此，加百列号角的体积大约是 3.14 个立方单位。

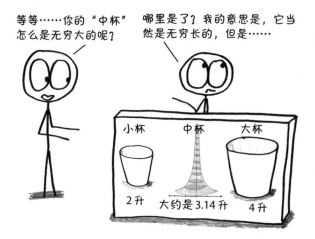

第二步，我们来求它的表面积。得到的积分 $2\pi\int_1^\infty \frac{1}{x}\sqrt{1+\frac{1}{x^4}}\,dx$ 不算很好看，不过它恰好比一个简单得多的积分 $2\pi\int_1^\infty \frac{1}{x}\,dx$ 稍大一些。后者大约等于……呃，没有特定的数值，它的有限近似值会无限地增长。由于表面积比这个值还要大一点儿，所以我们可以得出加百列号角的表面积是 ∞ 。

现在，我们的处境变得进退两难了。加百列号角的体积是有限的，所以你完全可以用油漆填满它。然而，它却有着无穷大的表面积，所以你没法用油漆将其完全覆盖。

但是……一旦你用油漆填满它，表面上的每个点不就都沾上了油漆吗？

这两者怎么可能同时成立呢?

第一个探索这一悖论的人是17世纪的意大利人埃万杰利斯塔·托里拆利（Evangelista Torricelli）。他与伙伴伽利略和卡瓦列里一起，利用新奇的无穷小数学，在数学的丛林中开辟了"一条捷径"。"很明显，"卡瓦列里写道，"平面图形应该由我们进行构思，就像平行线编织的布料，还有像书这样的实体，由平行的书页组成。"

这些学者向世界兜售的是无穷个数字的求和、无穷小的元素，以及像加百列号角（也被称为"托里拆利的小号"）这样奇异的物体。

这就是微积分的雏形。

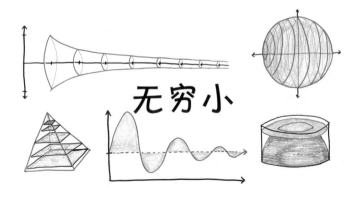

当时，耶稣会正在欧洲各地创建一套受人尊敬的大学系统，他们不仅要建好的大学，还要确保它们都是天主教学校。教会的一个领袖说："对我

们来说，课程和学术活动就像是用来钓灵魂的鱼钩。"在这门课程中，数学起着核心作用。一个名叫克拉维乌斯（Clavius）的耶稣会士说："毫无疑问，数学在所有学科中是第一位的。"

　　但是，并非每种数学都有这个地位，耶稣会看重的只有欧几里得的数学理论。欧几里得几何的发展逻辑十分清晰，从不言自明的假设发展到颠扑不破的结论，其中没有任何障碍或悖论。"欧几里得定理，"克拉维乌斯说，"保持着……它们真正的纯洁性和确定性。"耶稣会士将欧几里得视为社会的典范，而教皇的权威则是无可辩驳的公理。

　　至于托里拆利的作品，耶稣会士并不喜欢。历史学家阿米尔·亚历山大（Amir Alexander）在他的著作《无穷小：一个危险的数学理论如何塑造了现代世界》（*Infinitesimal: How a Dangerous Mathematical Theory Shaped the World*）中解释道："欧几里得的几何体系严谨、纯粹、无坚不摧，而那些新方法却充满了悖论和矛盾，既可能使人走向真理，也可能使人走向谬误。"耶稣会士认为加百列号角是无政府主义者的鼓吹和宣传，是对秩序的诅咒。亚历山大写道："他们追求的是有着完美统一性和目的性的极权主义梦想，不会为怀疑或辩论留下任何余地。"正如当时另一个耶稣会士伊格内修斯（Ignatius）所说："只要等级森严的教会这样决定，我就相信自己看到的白色是黑色。"

因此，教皇严令禁止了"无穷小"的概念。托里拆利成了数学上的亡命之徒，加百列号角也成为知识分子的违禁品。

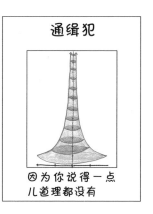

具有讽刺意味的是，这个悖论解决起来并没有那么难。为什么人们可以用油漆填满加百列号角的内部，却不能覆盖其外部？这完全取决于我们如何看待油漆。

正如数学家罗伯特·盖斯纳（Robert Gethner）所解释的那样，这个悖论基于一个假设："表面积"对应"所需的油漆"。但油漆并不是二维的。他写道："我们在计划粉刷一个房间时……不会要求提供 1 000 平方英尺的油漆。"像纸张一样，油漆其实是三维的，它有厚度，虽然厚度很小。

因此，我们得出一种方法：允许油漆层的厚度减少，而且随着加百列号角变得越来越窄，油漆层会变得越来越薄。在这个假设下，用有限的油漆覆盖号角的表面是可能的。就这样，悖论解决了。

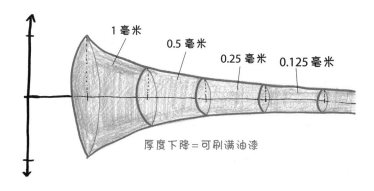

如果你想，也可以尝试另一种方法：假设刷油漆需要一定的最小厚度（这更像是现实中的油漆，而在现实世界，你无法刷一层厚度为原子直径的1/1 000的油漆）。这样，当号角的角沿着 x 轴继续向前时，号角会逐渐变窄到亚原子尺度，但油漆层却没有变薄。最终，油漆层会比它所涂的物体厚几万亿倍。这就回应了我们最初的结论，即不可能给号角刷满油漆——不过现在，油漆也无法将号角**填满**了，因为在某些时候，号角会变得比最薄的油漆层还要薄。

在这种假设下，号角既不能刷满油漆也不能被油漆填满，悖论再次被解决。

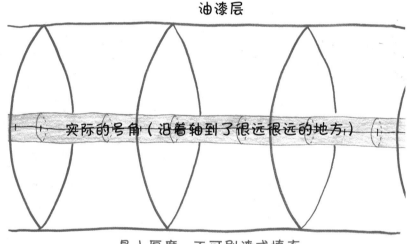

最小厚度＝不可刷漆或填充

17世纪的耶稣会士是否犯了宗教错误，我没有发言权。但我相信他们在数学问题上犯了错误。悖论并不可怕，也不需要根除，相反，它是思考的动力，能够激发思想的力量。

根据商学院教授玛丽安·刘易斯（Marianne Lewis）的说法，悖论不仅出现在神学和数学的陈腐殿堂，也出现在了企业中。那些"孤立地考虑时看起来合乎逻辑的"因素，包括短期目标、长期愿景和战略优先事项等，放在一起考虑时就变得"不合理、前后矛盾，甚至荒谬了"。这未必是件坏事。她写道："矛盾会带来创意上的火花。理解悖论可能是应对战略紧张局势的关键，甚至会是在这种时候表现出色的关键。"悖论就如同一颗沙砾，有助于形成理论的珍珠。

《歌德尔、埃舍尔、巴赫：集异璧之大成》（*Gödel,Escher, Bach : An Eternal Golden Braid*）一书的作者侯世达（Douglas Hofstadter）则更进了一步。他写道："不惜一切代价地消除悖论……过于强调平淡无奇的一致性，而对离奇古怪的事物却关注得太少。"悖论本身就是一种乐趣，就像M. C.埃舍尔那没有色彩的画作，或者本章所讲的故事——使用无限的油漆——那样。

第28个永恒。

一个傻瓜会长大、会变老，但一个漂亮的积分不会。

第28章

不可能的场景

我第一次接触"不可能积分"是在高一的春天。

那一天，大堂里挤满高三的学生。他们的胳膊就像一只每条触腕都拿着笔的章鱼，扑在一张海报上，上面画满了涂鸦、签名，以及对物理老师里亚希先生教学内容的断章取义的引用。这是一幅庞大的拼贴画，上面都是些我无法理解、只能理解一半，以及非常想理解的笑话。

在一片混乱中，我发现了一串奇怪的符号：

我指着那串符号问："那是什么？"

"这是e的负x二次方的积分。"大卫解释道，但又好像什么都没解释。

"那么，"我问，"这个笑话是什么意思？"

"这个笑话的笑点就在于，它是个不可能解出来的积分。"艾比回答道，她说话时喜欢加重语气。

"所以这是……测试里的其中一题？没人能解出来吗？"

他们咯咯地笑了。

"哈，我知道高三有三个学生名字叫本，你是第三个。"艾比对我说，（没错：按照字母顺序，本·科潘和本·米勒都排在我前面）"多么天真无邪的本啊。"

"不过，如果你说的'测试'是指'在宇宙中的测试'，"巴特若有所思地说，"倒也没错。这是一个测试，没有人能解决它。"

"所以，"我说，"就像除以零这类的问题？"

"更像是把圆形变成正方形。"大卫回答说。

艾比解释道："这就像你婚礼那天下雨了。又像是，你只需要一把餐刀，但却有一万个汤匙。"

艾比说得没错。早在微积分的萌芽时期，瑞士数学家约翰·伯努利（Johann Bernoulli）就谈论过不可能积分这一幽灵。他写道："有时候，我们无法确定能不能找到一个给定的数的积分。"在19世纪，法国数学家约瑟夫·刘维尔（Joseph Liouville）肯定地说，有些积分是找不到的。例如，$\int \sqrt[4]{1+x^2}\,dx$ $\int \ln(\ln x)\,dx$ 或者 $\int \frac{1}{\arctan(x)}\,dx$。这些积分都没有确定的解，确切地说，是"原函数无法用初等函数表示"。无论是正弦、余弦、对数，还是你喜欢的立方根，都永远不可能通过标准代数的组合得到它们的积分公式。这就像一把没有钥匙的锁，一个没有答案的谜语，由一万个汤匙组成的世界里的一块硬牛排。

我凝视着这些符号，当时还没意识到那串歪歪扭扭的字符有什么意义。我的朋友罗兹说过："我们在9个月后才开始学微积分，你知道这意味着什么：有人怀上了我的图形计算器。"罗兹的笑话我听懂了，但高年级学生的笑话我没听懂。

转眼间，八年很快就过去了。

我的第一份教职把我带到了奥克兰唐人街附近的一个前汽车经销商那里。在我工作第三年的一天，我给微积分课上的学生们展示了一个不可能积分：$\int e^{-x^2}\mathrm{d}x$。然后我用一番夸张的修辞，告诉他们这是不可能解出来的。

"你怎么能剧透呢？"阿德里亚娜大喊道。

几个学生摇了摇头。

但贝赛达追问我："所以……这个曲线下没有面积吗？"

啊，这是一个好问题。对于我含糊不清的回答，大家并不意外。事实上，e^{-x^2}这个函数 的曲线非常完美：

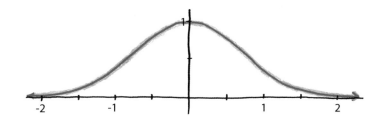

如果你要选一个特定的封闭区域，比如从0到1，或者从0.9到1.3，抑或从-1.5到0.5，那确实可以求出它的面积。

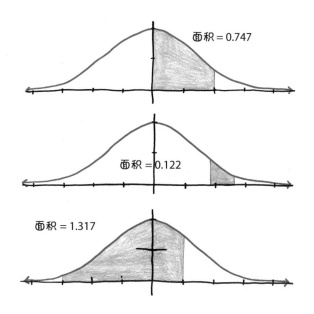

　　因此，为什么这是个"不可能积分"？因为没有公式可以表示整条曲线下的面积。我们过去无往不利的魔杖——通过求不定积分来计算积分的微积分基本定理——在这里被证明是一根毫无作用的树枝。即便把这根魔杖挥舞千万年，也不会出现什么神奇的答案。

　　"我的图形计算器可以求出来，"于航说，"所以，根据你的说法，它比世界上所有的数学家都要聪明。"

　　我冷笑道："嗯，用黎曼和来求**近似积分**肯定更快。"求近似值是我们面对这些函数时能使用的最好办法，但我的语气表达了我的偏见。**近似值**并不是真正的解，它是粗糙的、二流的。因此，不能算数。

　　"你确定？"于航用了激将法，"我觉得这个计算器确实更聪明。"

　　下课后，我从后门溜进了统计学教室。那是我教统计学的第一年，当时我还在摸索。我的直觉全是纯粹的数学，全是证明过程和抽象的概念——对统计学来说，这些都是错误的。我觉得自己好像把各种运动弄混了，比如教孩子们用网球击打保龄球瓶。

　　我开始上课："假设美国成年男性的平均身高是70英寸，标准差是3.5英寸，那么有多少男性至少有7英尺高？"

　　像统计学中的很多问题一样，这个问题的答案取决于正态分布的平缓斜率，也就是钟形曲线。这个无处不在的钟形曲线可以用于描述测量误差、扩散的粒子、智商测试得分、降雨量、大量的抛硬币次数，以及相当接近

真实分布情况的人类身高。于是，我们深入研究了一下这个问题。

第一步：7英尺等于84英寸。

第二步：比平均值高出14英寸。

第三步：比平均值高出4个标准差。

第四步：我们翻到课本后面的表格进行对照，得知4个标准差对应多少个百分位……嗯，事实上，表格里只统计到3.5个标准差对应的百分位。

第五步：我一边向学生道歉，一边拿出笔记本电脑，打开Excel——它可以帮我们延伸课本后面的表格。然后我们得出答案：0.999 968。换句话说，在美国，身高7英尺[①]以上的男性处于99.996 8个百分位——占比大约是三万分之一。

当我们仔细分析这个结果时，也就是说，讨论沙奎尔·奥尼尔和姚明[②]各自的优缺点时，我突然意识到，在没有任何计划或目的的情况下，我就同一个话题连续上了两堂截然不同的课。

你看，我们所用的正态分布是下面这样的：

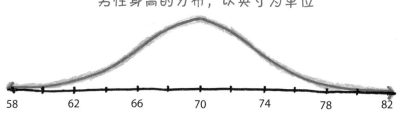

男性身高的分布，以英寸为单位

它恰好是 e^{-x^2} 的揉捏版：就是 e^{-x^2} 移位后变得扁平了，但其核心功能是一样的。也就是说，它也无法积分。然而，我们还是对它进行了积分，涵盖了每天持续不断的数据。

排除那些可能为零的事物，整个统计学科则建立在无法积分的东西之上。人口的每一个身高分布区间（例如，5′11″ 到 6′2″ 之间）都对应着这

---

① 7英尺约等于2.13米。

② 两人的身高分别为2.16米和2.26米。

条曲线下的一个面积:

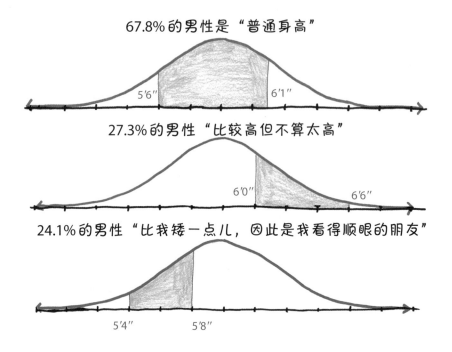

大自然并不在意不定积分的那些符号。课本里的表格、Excel 内置的公式、于航背包中的图形计算器……这些工具都给出了可靠的近似值。大多数情况下,这些近似值就是你所需要的。正如爱因斯坦所说:"上帝并不关心我们在数学上遇到的困难。他依靠经验进行积分。"

我站在那里,手里拿着白板笔。像往常一样,我在灵光如闪电般乍现之后,悔恨如雷声般隆隆响起。我想打开微积分和统计学之间的大门。我想解释自己是多么愚蠢,承认自己的纯数学沙文主义。我想大喊:"抽象的公式并不比具体的近似值更好!上帝依靠经验进行积分,真理会让我们得到自由!"

让我踌躇不前的,不是对我的理智的质疑,也不是打断弗莱明老师的化学课(其实,这两件事性质是一样的),而是想到于航那得意的笑容。"我早就和你说过啦,"他会这样嘲笑我,"计算器就是比数学家聪明。"我不能代表整个行业,但就我而言,我知道他是对的。

转眼，时间快进到了今天。

我坐在最喜欢的那家咖啡厅里，啜饮着深焙咖啡，"思考着"（也就是没有在写）你手中的这本书。这时我发现，很多不是高斯发现的定理、公式等，也被称为高斯定理，就像这个以卡尔·高斯的名字命名的积分：

$$\int_{-\infty}^{\infty} e^{-x^2}\, \mathrm{d}x = \sqrt{\pi}$$

看来在不可能积分中，出现了一个例外。如果你要求的面积覆盖了整个数轴，从遥远的左边到遥远的右边，从一个遥不可及的天际到与它天各一方的镜像天际，那么就有可能找到答案。

它就是，π 的平方根。

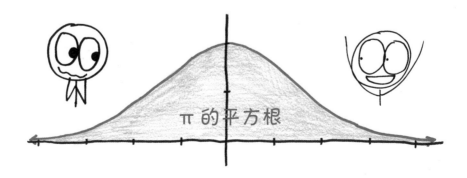

这些奇特的符号（e、π、∞）汇聚在一起后，让我想起了欧拉恒等式：$e^{\pi i} + 1 = 0$。像我这样的数学爱好者对这个等式敬之如神明。传记作家康斯坦斯·里德（Constance Reid）称其为"数学中最著名的公式"；科幻作家特德·姜（Ted Chiang）将其描述为"一种敬畏的感觉，仿佛你接触到了绝对真理"；数学教授基思·德夫林甚至把它比作"莎士比亚的十四行诗，以某种方式抓住了真爱的本质"。

我不禁思考，为什么没人对高斯积分发出过这样狂热的赞美？因此，我发了一条推特：

> 我喜欢欧拉恒等式，就像我喜欢披头士一样，因为它是那么引人注目。

> 但是，朋友们，看看高斯积分吧！它是多么美妙！这可是同时包含e和π的忧郁布鲁斯[①]方程！

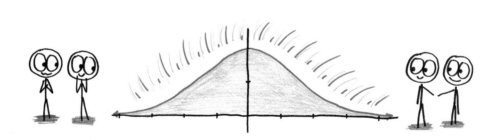

只是，还有一个问题：我不知道为什么这个公式成立。

我喜欢把自己当作一个充满好奇心的学生。而且我碰巧和一位专业的数学家[②]同住，她拥有我缺乏的大量知识。但是，这些知识点并没有连在一起。而这就是我家庭生活中的悖论——我几乎从不让她教我任何东西。

也许是因为我从来没有这个习惯，或者是学识上的不匹配不会影响婚姻的稳定性。也可能是我的好奇心比自己想象中的要少，或者我的固执和

---

① 忧郁布鲁斯乐队（The Moody Blues），是一支成立于1964年的英国爵士乐队。
② 指作者的妻子塔琳。

自负比想象中要多。又也许，从2003年的某个阶段起，我就不再是那个总是抢着搞懂小团体内部笑话的孩子了，而是成了一个不懂装懂的成年人。

无论如何，今天我问了她这个问题。

塔琳笑着拿起一张奶油起司的优惠券，然后在优惠券的背面写下了高斯积分的求解过程。她先对整个等式进行平方，然后运用富比尼定理（Fubini's theorem），移到极坐标；然后，噔噔噔，结果就出来了：π 的平方根。

"所以这个积分是不可能积出来的，"我说，"只有一次除外。"在那1万个勺子中，竟然还藏着一把刀。

"哎呀，"塔琳说，把优惠券翻过来，"我们要再买些奶油起司吗？"

我起身打开冰箱，看看家里还有多少存货。那一刻的细流汇聚入永恒。

拜托，我们什么时候吃太多奶油起司了？

旁白：他们吃了太多的奶油起司。

课堂笔记

刚开始构思这本书时，我设想了一个线性序列的概念——差不多是AP微积分①的漫画版。这是我作为学生和教师所走过的道路，而且就我所知，也是唯一明智的道路。但我越跟着它走，就越感到不安。我想要一条黄砖路②，充满色彩和魔力，而眼前这条路给人的感觉更像是宜家商城里弯弯绕绕的小路。于是，我终于明白了，便放弃了原计划，开始收集故事。有些课程将介绍性的主题（如黎曼和）与进阶的主题（如勒贝格积分）结合在一起。有些主题（如分析的诞生）变成了反复出现的角色，不停地在其他故事里客串。有些核心话题（如泰勒级数）则完全消失了。就这样，我想象中那串漂亮的珍珠变成了一个变化的万花筒。

显然，这不是一本教科书。但如果你正在教授（或选修）微积分，我希望它能成为一个友好的旅行伙伴。为了有所帮助，以下是这些主题的"标准"顺序，以及相应的故事，还有一些关于教学前景的零星想法。

极限：风留下了什么（第8章）；书中那些圆圆圈圈（第16章）

我天生是个胆小的中立派：听酷玩乐队③的歌，喝拿铁咖啡，总是从极限单位开始计算微积分。但对这本书的研究让我变得激进，我现在成了那些诋毁限制激进主义者中的一员。不是关于数学的概念，而是在遇到导数和积分之前，学生必须对抽象函数的局部行为进行彻底的反文本化研究。

---

① AP微积分是指美国大学先修课程中的微积分课程。

② 黄砖路（yellow-brick road），源自《绿野仙踪》，是桃乐丝被指点从小人国到翡翠城以寻求大魔术师奥兹帮助所要走的路，在一定程度代表的是希望。

③ 酷玩乐队（Coldplay），英国摇滚乐队，1996年成立于伦敦，由主唱克里斯·马汀、贝斯手盖伊·贝瑞曼、吉他手强尼·邦蓝及鼓手威尔·查平组成。

下次我教微积分的时候，打算也叛逆一点儿，直接进入微分，只有当收敛和连续性自然地出现时，才会回到收敛和连续性的概念。据我所知，这就是历史的轨迹，连伯努利家族[①]都认为好的东西，对我来说肯定也足够好。

切线问题：福尔摩斯和迷路的自行车（第6章）

尽管我不喜欢将极限作为教学的框架，但我仍然非常喜欢这些哲学谜题。这就是为什么我喜欢这里的切线问题，它给出了"瞬时运动"概念的具体含义，解释了一个无须微积分参与，但与微积分相关的活动项目。

导数的定义：即逝的时间（第1章）

关于如何最好地引入导数的定义，目前教学界正在进行一场有益的辩论。该从切线的斜率着手吗？还是最佳的局部线性化？抑或是瞬息万变的速度？在这一章，我选择强调最后一种视角，尽管"局部线性化"的想法很快就出现了，参见"当密西西比河绵延万里"（第5章）。

微分的规则：绿头发的女孩和超时空涡旋（第10章）、我们用微积分算一算吧（第15章）

通过对无穷小的推理，我介绍了x^2和x^3的导数（第10章）和求导法则（第15章）。唉，我那刚萌发的激进主义再次抬头了，我曾经认为这种方法是不合法的，甚至是不道德的，但我现在开始相信，只要愿意付出将dx想象为"x的一个无穷小的增量"这样一个小小的代价，就能够带来将几何融入教学的巨大好处。

举个例子：在我第一次学习微积分时，我惊讶地发现球的体积（$4/3\pi r^3$）对半径r求导后，得到了球的表面积（$4\pi r^2$）。为什么会出现这种奇怪的巧合呢？最后，我明白了其中的逻辑：半径的额外增加会使体积也

---

① 伯努利家族（Bernoulli family），17—18世纪瑞士一个出过多位数理科学家的家族，原籍比利时安特卫普。1583年遭天主教迫害迁往德国法兰克福，最后定居瑞士巴塞尔。

增加一个很小的外层，实际上等于表面积。我曾以为这样的事实是纯粹的代数问题，但现在对我来说是深刻的几何问题，这都要归功于我接纳了 dx 和类似的量、（暂时地）认为它们有意义的关键举措。

运动学：不断坠落的月亮（第2章）、黄油吐司：昙花一现的幸福感（第3章）、如尘埃般漫天飞舞（第9章）

从某种意义上来说，经典的导数就是 $\frac{dx}{dt}$ = 速度。据我所知，绝大多数（所有？）的其他导数都可以用这个导数进行类比。每当我的学生打不开某个罐子的时候，我就用速度来解释这个问题，然后这个盖子通常就会立刻弹开。

关于布朗运动的章节（第9章）就是一个很好的例子。"可微性"的概念在理论层面上是难以捉摸的：为什么我们要关心什么可以被微分，或者什么不能被微分？但在运动学的背景下，"不可微"仅仅意味着"不知道速度"，这传达了行为的不可预测性。

顺便提一下，在第3章中，詹姆斯推测，如果他的朋友知道他在某一时刻幸福感的所有导数，他们就可以推断出他一生的幸福轨迹。这样的预示其实就是泰勒级数，在泰勒级数中，函数在某一点上的导数描述了函数的整个生命历程。

线性近似：当密西西比河绵延万里（第5章）

包括乔丹·艾伦伯格在内的几位作家已经说服我，"线性化"是微积分的口号。我还应该承认，我第一次读到马克·吐温的文章是在艾伦伯格的优秀著作《魔鬼数学：大数据时代，数学思维的力量》中。

优化：全世界通用的语言（第4章）、住在海边的落难公主（第11章）、让世界变成废墟的回形针（第12章）、嗨，小狗教授（第14章）

你可能会注意到，我用了四章内容来讨论优化的问题，而只用了很少的几段来讨论相关的变化率（第14章）。在这里，我要向所有相关变化率的爱好者说声抱歉：我不是针对它，只是没找到合适的故事。至于重点强调优化问题，是因为这是微分学中非常重要的应用领域，我认为自己并没有错。

罗尔定理和中值定理：笑到最后的曲线（第13章）、高耸入云的抽象果仁（第26章）

尽管第13章提到了罗尔定理，但这一章主要讲的是关于优化的一个案例研究。第26章同时给出了导数和积分的中值定理，还在最后讨论（实际上是模拟）了中值定理。我相信这个大杂烩会让那些想要遵循传统教学顺序的好老师感到沮丧，但这也是我的观点：传统顺序只是这门课程的一种可能的方法，一种过于强调"严谨"这一违背历史的概念的方法。

说实话，我不知道下次教这些东西时该怎么处理。但我想强调的是，在傅立叶提出了关于收敛的深刻问题之后，中值定理、中间值定理，以及类似的东西才成为核心，从而创造了一种需要epsilonic-delta语言 ①的严谨性才能满足的智力需求。

微分方程：一部未经授权的潮流传记（第7章）

本章涉及几个值得关注的主题：① 指数增长；② 拐点；③ 微分方程。唉，在实践中，这些主题的教学经常会间隔几个月甚至一个学期，这使得这一章成了一块硬骨头。啊，好吧，这一章主要讲的是数学"在野外"是不受国界限制的。

积分的定义：书中那些圆圆圈圈（第16章）、战争与和平，还有积分学（第17章）、假如一定会有痛苦（第23章）

与导数相比，我发现积分更加微妙和难以捉摸。"曲线下的面积"这个

---

① epsilon-delta语言是数学分析（历史上称为"无穷小分析"）中用来严格定义极限概念的数学语言，它避免了早期微积分使用直观无穷小概念时在逻辑上产生的混乱，从而为微积分理论建立了坚实的逻辑基础。

词对我来说比"瞬时变化率"更简略，也更不诚实。

因此，在第16章打了一点基础之后，第17章和第23章探讨了一种模糊的隐喻式积分。这对于你完成家庭作业来说没有很明确的帮助，但它也许可以作为一个概念的试金石。我发现积分的几何性质很容易在这样的设置中出现，例如 $\int_a^b f(x)\,dx + \int_b^c g(x)\,dx = \int_a^c f(x)\,dx$。

黎曼和：黎曼的城市天际线（第18章）

作为一名教师，我认为，学习黎曼和的最佳方法是非常小心地计算出一两个黎曼和，然后不再使用它们。Σ 的方法操作起来很麻烦，特别是当你的代数有一点不稳定的时候。这种方法的不便促使人们寻找一条捷径，而这条捷径将以基本定理的形式华丽登场。

然而，作为一名作家，我决定放纵自己对数学分析的喜爱（或者是对我所知道的那一点点数学分析的喜爱）。狄利克雷函数是我的最爱，这是我所知道的最简单的例子，它揭示了黎曼和的缺点和勒贝格积分的必要性（不可否认，它基于"有理数的测度为0"的"直觉"，这是初等分析中最著名的反直觉结果之一）。

微积分基本定理：一部伟大的微积分大全（第19章）

当我第一次教微积分课时，我们花费了一周的时间用几何方法计算定积分，然后又用一周的时间计算不定积分。两者使用的都是积分符号，但正如学生们所知道的，这是两种截然不同的数学方法，完全不相关。看完这无聊的马戏团表演，我大喊道："阿布拉卡达布拉！它们其实是相关的！"

我把微积分基本定理变成了世界上最糟糕的生日惊喜。

现在，我不会在必要的时候拖延微积分基本定理的教学。就像《当哈利遇见莎莉》①里说的："当你意识到自己想与某人共度余生时，你会希望你的余生尽快开始。"

---

① 一部美国爱情喜剧片，由罗伯·莱纳执导，于1989年7月12日在美国上映。

数值积分：1994年：微积分诞生的那一年（第22章）、不可能的场景（第28章）

我不是工程师，不是糖尿病研究人员，也不是从事任何实践型工作的人，但我知道的是，数值积分在整个科学领域都非常有用，它可能比典型的微积分课程更值得重视。尤其是现在，代数软件在计算不定积分方面变得越来越好，我们不再需要掌握1 001种求解积分的方法了。

积分的技巧：积分号下的故事就留在积分号下吧（第20章）

在这一章，我尝试着在不对任何积分进行实际计算的情况下给出积分的概念和结构。这是一个愚蠢的目标，也许无法实现，但这是本书的本质目的，所以我还是这么做了。顺便说一下，我并不是不重视计算；所谓的"微积分"的核心目的就是让计算变得更简单、更流畅、更无须动脑。我不是个擅长讲故事的人，无法用三角代换来塑造一个引人入胜的故事。

积分常数：一挥笔就放弃了现在（第21章）

在这一章，你可以再次看到我对运动学的喜爱。我喜欢通过对速度函数进行积分来引入积分常数，其中的+C有一个明确的物理意义，即 $t = 0$ 时的位置。

旋转体：与众神作战（第24章）；从看不见的球体说起（第25章）；加百列，吹响你的小号吧（第27章）

我认为回转体是微积分第一课的一个很好的结论。它们涉及惊人的视觉效果、丰富的几何图形、令人惊叹的技巧，让你有机会漫步在阿基米德和大天使加百列的世界[阿基米德和加百列分别由克里斯托弗·沃肯（Christopher Walken）和蒂尔达·斯文顿（Tilda Swinton）饰演，这是电影界最奇怪的两个演员。我知道这个故事不应该放在这里，但没有别的地方可以把它写进去，而我又不忍心把它从书中删掉]。

参考文献

上篇　瞬间

芝诺，你能去把窗户打开吗？

形而上学地说，不能。

关于瞬间的故事

第1章　即逝的时间

1. 亚里士多德，《物理学》（*Physics*），由 R. P. Hardie（R. P. 哈迪）和 R. K. Gaye（R. K. 盖伊）翻译。版权归属：互联网经典档案（The Internet Classics Archives），作者丹尼尔·C. 史蒂文森（Daniel C. Stevenson），Web Atomics，1994—2000 年。http://classics.mit.edu /Aristotle/physics.mb.txt。

2. Borges, Jorge Luis. "The Secret Miracle." *Collected Fictions*. Translated by Andrew Hurley. New York: Penguin Books, 1999（中文版：《秘密的奇迹》，摘自《杜撰集》，博尔赫斯著，王永年译，上海译文出版社，2015年6月）。

3. 利兹·埃弗斯（Evers, Liz），《关于时间的一段历史：从日历和时钟到月亮周期和光年》（*It's About Time:From Calendars and Clocks to Moon Cycles and Light Years—A History*），伦敦：迈克尔·奥马拉图书公司（Michael O' Mara Books），2013年。

4. 詹姆斯·格雷克（Gleick, James），《时间旅行：一段历史》（*Time Travel;A History*），纽约：古典书局（Vintage Books），2017年。

5. 乔治·葛伟赫斯·约瑟夫（Joseph, George Gheverghese）。《孔雀冠：数学的非欧洲根源》（*The Crest of the Peacock:Non-European Roots of Mathematics*），第3版。普林斯顿，新泽西州：普林斯顿大学出版社（Princeton University Press），2010年。

6. 巴里·马祖尔（Mazur, Barry），《准时（数学和文学）》["On Time（In Mathematics and Literature）"]，2009年，http://www.math.harvard.edu/~mazur/preprints/time.pdf。

7. 圣乔治·威廉·约瑟夫·斯托克（Stock, St. George William Joseph），《斯多葛主义指南》（*Guide to Stoicism*）。经典出版社（Tredition Classics），2012年。

8. 托马斯·沃尔夫（Wolfe, Thomas），《时间与河流：青年渴望的传奇故事》（*Of Time and the River:A Legend of Man's Hunger in His Youth*），纽约：斯克里布纳尔经典出版社，1999年。

第2章　不断坠落的月亮

非常感谢维克托·布拉斯卓（Viktor Blåsjö），正是他的工作（例如，在intelligalmathematics.com网站发表的《数学历史》和《直觉微积分》）启发并帮助我形成了本章的内容。正如他所指出的，我提出牛顿论证的方式——首先假设平方反比定律成立，然后再推导出月球的轨道周期——是牛顿原始论证的一种由内而外的版本。

"当然，月球的轨道周期是已知的，"布拉斯卓解释说，"而月球在一秒钟内落下的距离是一个谜，我们需要通过间接推理来弄清楚，因为没有办法通过实验来测量。"这与万有引力的平方反比定律（该定律通过预测椭圆行星轨道等方法被独立地证实了）是一致的。

1. 史蒂夫·康纳（Conno, Steve），《艾萨克·牛顿爵士的苹果背后的真理核心》（"The Core of Truth behind Sir Isaac Newton's Apple"），发表于《独立报》（*Independent*），2010年1月18日，https://www.independent.co.uk/news/science/the-core-of-truth-behind -sir-isaac-newtons-apple-1870915.html。

2. 茱莉亚·L.艾普斯坦（Epstein, Julia L），《伏尔泰的牛顿神话》（"Voltaire's Myth of Newton"），发表于《太平洋海岸语言学》（*Pacific Coast Philology*），1979年10月14日：第27—33页。

3. 詹姆斯·格莱克（Gleick, James），《艾萨克·牛顿》（*Isaac Newton*），纽约：古典书局，2004年。

4. 弗雷德里克·格里高利（Gregory,Frederick），《牛顿、苹果和万有引力》（*Newton,the Apple,and Gravity*），佛罗里达大学历史系，1998年，http//users.clas.ufl.edu/fgregory/Newton_apple.htm。

5. 弗雷德里克·格里高利（Gregory, Frederick），《月亮是落体》（"The Moon as Falling Body"），佛罗里达大学历史系，1998年，http://users.clas.ufl.edu/fgregory/Newton_moon2.htm。

6. 理查德·基辛（Keesing, Richard），《艾萨克·牛顿的苹果树简史》（"A Brief History of Isaac Newton's Apple Tree"），约克大学物理系（University of York,Department of Physics），https://www.york.ac.uk/physics/about/newtonsappletree/。

7. 艾伦·摩尔（Moore, Alan），《艾伦·摩尔评威廉·布莱克对牛顿的蔑视》（"Alan Moore on William Blake's Contempt for Newton"），皇家艺术学院（Royal Academy），2014年12月5日，https://www.royalacademy.org.uk/article/william-blake-isaac -newton-ashmolean-oxford。

8. 伏尔泰，《关于英格兰的信》（*Letters on England*），亨利·莫利

（Henry Morley）翻译，改编自1893年卡塞尔公司（Cassell & Co.）版，https://www.gutenberg.org/files/2445/2445-h/2445-h.htm。

真理是幻觉，但我们已经
忘记了它们是幻觉。它们

是已经过时的隐喻，耗尽了感官的
力量；是花纹被磨平的硬币，现在

不再被认为是硬币，只是一块金属。

——弗里德里希·尼采

第3章　黄油吐司：昙花一现的幸福感

1. 乔治·贝克莱（Berkeley, George），《分析学家》（*The Analyst*），由 David R. Wilkins（大卫·R. 威尔金斯）基于最初的1734年版本改写，2002年，https://www.maths.tcd.ie/pub/HistMath/People/Berkeley/Analyst/Analyst.pdf。

2. 罗伯特·弗罗斯特（Frost, Robert），《教育的诗歌》（"Education by Poetry"），发表于《阿默斯特学院毕业生季刊》（*Amherst Graduates' Quarterly*），1931 年 2 月，http://www.en.utexas.edu/amlit/amlitprivate/scans/edbypo.html。

第4章　全世界通用的语言

1. 迈克尔·阿蒂亚（Atiyah, Michael），《从詹姆斯·克拉克·麦克斯韦到阿兰·图灵的离散和连续》（"The Discrete and the Continuous from James

Clerk Maxwell to Alan Turing"），第五届海德堡桂冠论坛演讲，2017年9月29日。

2. Bardi, Jason Socrates. *The Calculus Wars: Newton, Leibniz, and the Greatest Mathematical Clash of All Time*（中文版：《谁是剽窃者：牛顿与莱布尼茨的微积分战争》，[美] 杰森·苏格拉底·巴迪著，张菀、齐蒙译，上海社会科学院出版社，2017年6月），纽约：基础图书（Basic Books），2007年。

3. 巴里·马祖尔（Mazur, Barry），《解释的语言》（"The Language of Explanation"），为犹他大学科学与文学研讨会撰写的论文，2009年11月，http://www.math.harvard.edu/~mazur/papers/Utah.3.pdf。

4. 斯蒂芬·沃尔夫拉姆（Wolfram, Stephen），《拜访莱布尼茨》（"Dropping In on Gottfried Leibniz"），收录于《创意创造者：对一些名人生活和想法的个人看法》（*In Idea Makers: Personal Perspectives on the Lives and Ideas of Some Notable People*）一书中，伊利诺伊州香槟市：沃尔夫拉姆传媒（Wolfram Media），2016年，http://blog.stephenwolfram.com/2013/05/dropping-in-on-gottfried-leibniz/。

导数

奔腾而过

第5章　当密西西比河绵延万里

感谢泰特姆（Tatem）教授对我邮件询问的善意回复，澄清了这个推断确实是半开玩笑的性质。

1. Ellenberg, Jordan. *How Not to Be Wrong: The Power of Mathematical*

Thinking. New York: Penguin Books, 2014（中文版：《魔鬼数学：大数据时代，数学思维的力量》，[美]乔丹·艾伦伯格著，胡小锐译，中信出版社，2015年9月）。

2. 安德鲁·J. 泰特姆（Tatem, Andrew J.），卡洛斯·A. 圭拉（Carlos A. Guerra），彼得·M. 阿特金森（Peter M. Atkinson），西蒙·I. 海（Simon I. Hay），《2156年奥运会的重大冲刺？》（"Momentous Sprint at the 2156 Olympics？"），《自然》杂志第431期（第525页），2004年9月30日。

3. 马克·吐温（Twain, Mark），《密西西比河上的生活》（*Life on the Mississippi*），波士顿：詹姆斯·R.奥斯古德（James R. Osgood）出版，1883年，https://www.gutenberg.org/files/245/245-h/245-h.htm。

第6章　福尔摩斯和迷路的自行车

非常感谢Dan Anderson（丹·安德森），是他的Desmos应用程序让我生成了自行车轨道。

1. 爱德华·A. 本德尔（Bender, Edward A.），《福尔摩斯与自行车道》（"Sherlock Holmes and the Bicycle Tracks"），加州大学圣地亚哥分校（University of California, San Diego），http://www.math.ucsd.edu/~ebender/87/bicycle.pdf。

2. Doyle, Arthur Conan. "The Adventure of the Priory School". *In The Return of Sherlock Holmes*（中文版：《修道院学校历险记》，收录于《福尔摩

斯归来记》，[英] 阿瑟·柯南·道尔著，张雅琳译，天津人民出版社，2019
年9月），纽约：麦克卢尔·菲利普斯公司（McClure, Phillips & Co.），1905
年，https://en.wikisource.org/wiki /The_Adventure_of_the_Priory_School。

3. 穆恩·达钦（Duchin, Moon），《天才的性政治》（"The Sexual Politics
of Genius"），芝加哥大学，2004年，https://mduchin.math.tufts.edu/genius.
pdf。

4. J.J.奥康纳（O' Connor, J. J.）和E. F. 罗伯逊（E. F. Robertson），《詹
姆斯·莫里亚蒂》（"James Moriarty"），圣安德鲁斯大学数学与统计学院
（School of Mathematics and Statistics，University of St. Andrews），http://www-
groups.dcs.st-and.ac.uk/history /Biographies/Moriarty.html。

5. 西沃恩·罗伯茨（Roberts, Siobhan），《天才玩家：约翰·康威的好奇
心》（*Genius at Play*：*The Curious Mind of John Horton Conway*），纽约：布
鲁姆斯伯里（Bloomsbury），2015年。

第7章 一部未经授权的潮流传记

感谢我的高中化学老师瑞贝卡·杰克曼（Rebecca Jackman）。本书中，
我关于自催化过程的讨论中出现的错误都与她无关，而所有正确的知识点
都是她教给我的。

1. 杰米·琼斯（Jones, Jamie），《人类人口增长模型》（"Models of
Human Population Growth"），《猴子叔叔的笔记：人类生态学、人口与传
染病》（*Monkey's Uncle:Notes on Human Ecology*，*Population, and Infectious*

Disease），2011年4月7日，http://monkeysuncle.stanford.edu/？ p=933。琼斯提供了"机制与现象学"的框架。

第8章　风留下了什么

1. 凯文·布朗（Brown, Kevin），《极限的悖论》（"The Limit Paradox"），数学试卷网站，https://www.mathpages.com/home/kmath063.htm。我觉得布朗教授的论证很清晰，而且很关键。此外，我还很欣赏他没有把自己的名字放在网站上的行为，这给了它一种无形的"数学之声"的氛围。

2. Dunham, William. *The Calculus Gallery*：*Masterpieces from Newton to Lebesgue*（中文版：《微积分的历程：从牛顿到勒贝格》，[美]威廉·邓纳姆著，李伯民、汪军、张怀勇译，人民邮电出版社，2010年8月）新泽西州普林斯顿：普林斯顿大学出版社，2008年。2016年1月，我无意中看到了邓纳姆的书，他关于数学分析历史的见解在我的脑海里萦绕了好几年，而我的这本书汲取了他那本书的不少养分。

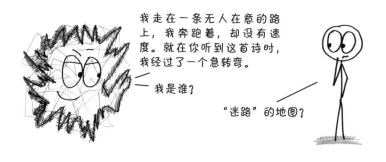

第9章　如尘埃般漫天飞舞

1. 维克托·布拉斯卓,《对微积分教科书中直觉的态度》("Attitudes toward Intuition in Calculus Textbooks"),即将发表的论文,2019年。在这篇文章中,布拉斯卓反驳了标准的说法,即韦尔斯特拉斯函数是"直觉的死亡"。如果你对这段历史感兴趣,这篇文章值得一读。

2. 威廉·邓纳姆,《微积分的历程:从牛顿到勒贝格》。

3. 麦克·福勒(Fowler,Michael),《布朗运动》("Brownian Motion"),弗吉尼亚大学,2002年,http://galileo.phys .virginia.edu/classes/152.mf1i. spring02/BrownianMotion.htm。

4. Isaacson, Walter. *Einstein : His Life and Universe*(中文版:《爱因斯坦传》,[美] 沃尔特·艾萨克森著,张卜天译,湖南科学技术出版社,2012年1月),纽约:西蒙与舒斯特出版社(Simon & Schuster),2007年。

5. 亨利·庞加莱(Poincaré,Henri),《威尔斯特拉斯的数学作品》("L' Oeuvre Mathématique de Weierstrass"),发表于《数学学报》(*Acta Mathematica*),第22期(1899年):第1—18页。https://projecteuclid.org/ download/pdf_1/euclid.acta/1485882041。虽然我不会法语,但没关系,谷歌翻译会。

6. 多米尼克·杨(Yeo,Dominic),《关于布朗运动的显著事实#1:它存在》("Remarkable Fact about Brownian Motion #1:It Exists"),《最终几乎无处不在》(*Eventually Almost Everywhere*),2012年1月22日,https:// eventuallyalmosteverywhere.wordpress .com/2012/01/22/remarkable-fact-about- brownian-motion-1-it-exists/。

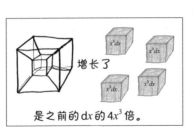

第10章　绿头发的女孩和超时空旋涡

1. 西沃恩·罗伯特（Roberts, Siobhan），《无限空间之王：唐纳德·考克斯特，拯救几何学的人》（ *King of Infinite Space:Donald Coxeter,the Man Who Saved Geometry* ），纽约：沃克出版社（Walker），2006年。这本书被用来引用和洞察几何思维的历史（以及它在华丽的布尔巴基怪兽手中的毁灭）。

2. 玛格丽特·圣克莱尔（St. Clair,Margaret），《作者的介绍》（"Presenting the Author"），《奇幻的冒险》（ *Fantastic Adventures* ），1946年11月：第2—5页。

3. 玛格丽特·圣克莱尔（St. Clair, Margaret），《阿列夫一号》（"Aleph Sub One"），《惊奇故事集》（ *Startling Stories* ），1948年1月：第62—69页。我承认，这个故事只是在 n = 2、3和4时对（a+b）n进行展开；将这些展开式应用于导数公式的想法是我本人厚颜无耻的类推。

4. 西尔瓦诺斯·P. 汤普森（Thompson, Silvanus P.），《微积分变得简单：以最简单的方式介绍那些美丽的计算方法，它们通常被称为可怕的微分和积分》（ *Calculus Made Easy : Being a Very-Simplest Introduction to Those Beautiful Methods of Reckoning Which Are Generally Called By the Terrifying Names of the Differential Calculus and the Integral Calculus* ），第2版，伦敦：麦克米伦出版公司，1914年。这本书可以在网上免费获得，它的内容甚至比书名还有趣。特别是第2章"不同程度的小"（"On Different Degrees of Smallness"），https://www.gutenberg .org/files/33283/33283-pdf.pdf。

她凭借箭袋和高贵的姿态而为人们所知，
她走路时看起来很威严，像他们的女王。

——维吉尔的《埃涅阿斯纪》

第11章　住在海边的落难公主

1. 约娜·朗德（Lendering, Jona），《迦太基》（"Carthage"），《Livius.org

网站：关于古代历史的文章》（Livius.org: Articles on Ancient History），http://www.livius.org/articles/place/carthage/。

2. 约娜·朗德（Lendering, Jona），《迦太基的建立》（"The Founding of Carthage"），《Livius.org 网站：关于古代历史的文章》，http://www.livius.org/sources/content/the-founding-of-carthage/。

3. 维吉尔，《埃涅阿斯纪》（*The Aeneid*），约翰·德莱顿（John Dryden）译，http://classics.mit.edu/Virgil/aeneid.html。

第 12 章　让世界变成废墟的回形针

1. 尼克·博斯特罗姆（Bostrom, Nick），《先进人工智能中的伦理问题》（"Ethical Issues in Advanced Artificial Intelligence"），https://nickbostrom.com/ethics/ai.html。

2. 特德·姜（Chiang, Ted），《硅谷正在成为自己最大的威胁》（"Silicon Valley Is Turning into Its Own Worst Fear"），发表于《BuzzFeed 新闻》（*BuzzFeed News*），2017 年 12 月 18 日，https://www.buzzfeednews.com/article/tedchiang/the-real-danger-to-civilization-isnt-ai-its-runaway。

3. 汉娜·弗赖伊（Fry, Hannah），《你好世界：在算法的时代里做个人类》（*Hello World : Being Human in the Age of Algorithms*），纽约：诺顿出版社（W. W. Norton），2018 年。

4. Whitman, Walt. "Song of Myself." 1855. *Leaves of Grass*（《自我之歌》，1855 年，摘自《草叶集》（最后的临终版，1891—1892 年，[美]华尔特·惠

特曼著，邹仲之译，上海译文出版社，2019年8月），大卫·麦凯出版社
（David McKay），1892年。

　　5. 埃利泽·尤德考斯基（Yudkowsky, Eliezer），《人工智能（AI）没有火
警警报》（"There's No Fire Alarm for Artificial General Intelligence"），机器智
能研究所，2017年10月13日，https://intelligence.org/2017/10/13/fire-alarm/。

　　5. 埃利泽·尤德考斯基，《人工智能在全球风险中的积极和消极作用》
（"Artificial Intelligence as a Positive and Negative Factor in Global Risk"），收录于
《全球灾难风险》（*Global Catastrophic Risks*），由 Nick Bostrom（尼克·博
斯特罗姆）和 Milan M.Cirkovic（米拉尼·M.塞尔科维奇）编辑，原书第
308—345页。纽约：牛津大学出版社，2008年，http://intelligence.org/files/
AIPosNegFactor.pdf。

　　6. 约纳坦·宗格（Zunger,Yonatan），《回形针最大化的寓言》（"The
Parable of the Paperclip Maximizer"），Hacker Noon 网站，2017年7月24日，
https://hackernoon.com/the-parable-of-the-paperclip-maximizer-3ed4cccc669a。

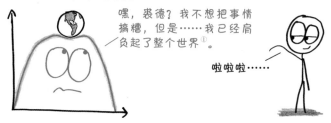

1978年：拉弗曲线开始质疑裘德·万尼斯基给它带来的负担

第13章　笑到最后的曲线

　　1. 本亚明·阿尔佩鲍姆（Appelbaum, Binyamin），《这不是阿瑟·拉
弗那著名的餐巾》（"This Is Not Arthur Laffer's Famous Napkin"），发表于

---

① 这段对话化用了披头士乐队演唱歌曲 Hey Jude 中的两句歌词，原歌词为 "Don't
carry the world upon your shoulders"（别把世界的重担都往肩上扛）。

《纽约时报》(*New York Times*)，2017年10月13日，https://www.nytimes.com/2017/10/13/us/politics/arthur-laffer-napkin-tax-curve.html。

2. 亚当·伯恩斯坦(Bernstein, Adam)，《裘德·万尼斯基去世：有影响力的供给学派学者》("Jude Wanniski Dies; Influential Supply-Sider")，发表于《华盛顿邮报》(*Washington Post*)，2005年8月31日，http://www.washingtonpost.com/wp-dyn/content/article/2005/08/30/AR2005083001880.html。

3. 马丁·加德纳(Gardner, Martin)，《拉弗曲线》("The Laffer Curve")，收录于《打结的甜甜圈和其他数学趣事》(*Knotted Doughnuts and Other Mathematical Entertainments*)，第251—271页，纽约：W. H. 弗里曼出版社(W. H. Freeman)，1986年。

4. 阿瑟·拉弗，《拉弗曲线：过去、现在和未来》("The Laffer Curve: Past, Present, and Future")，美国传统基金会，2004年6月1日，https://www.heritage.org/taxes/report/the-laffer-curve-past-present-and-future。

5.《拉弗曲线》("Laffer Curve")，芝加哥大学布斯商学院：IGM论坛，2012年6月26日，http://www.igmchicago.org/surveys/laffer-curve。引用自Austan Goolsbee, Bengt Holmström, Kenneth Judd, Anil Kashyap和Richard Thaler。

6.《拉弗曲线餐巾》("Laffer Curve Napkin")，美国国家历史博物馆，http://americanhistory.si.edu/collections/search/object/nmah_1439217。

7. 斯蒂芬·米勒(Miller, Stephen)，《裘德·万尼斯基，69岁，供给经济学的激进改革者》("Jude Wanniski, 69, Provocative Crusader for Supply-Side Economics")，发表于《纽约太阳报》(*New York Sun*)，2005年8月31日，https://www.nysun.com/obituaries/jude-wanniski-69-provocative-crusader-for-supply/19386/。

8. 斯蒂芬·摩尔(Moore, Stephen)，《拉弗曲线40周年：一个引发争议的想法的遗产》("The Laffer Curve Turns 40: The Legacy of a Controversial Idea")，发表于《华盛顿邮报》，2014年12月26日，

https: //www.washingtonpost.com/opinions/the-laffer-curve-at-40-still-looks-good/2014/12/26/4cded164-853d-11e4-a702-fa31ff4ae98e_story.html。

9. 莫娜·奥利弗（Oliver, Myrna），《裘德·万尼斯基，69 岁；记者和政治顾问推动了供给经济学》（"Jude Wanniski, 69; Journalist and Political Consultant Pushed Supply-Side Economics"），发表于《洛杉矶时报》（*Los Angeles Times*），2005 年 8 月 31 日，http；//articles.latimes .com/2005/aug/31/local/me-wanniski31。

10.《20世纪100本最伟大的非虚构类书籍》（"The 100 Best Non-Fiction Books of the Century"），发表于《国家评论》（*National Review*），1999年5月3日，https：//www.nationalreview.com/1999/05/non-fiction-100/。

11. 麦克·希尔兹（Shields, Mike），《布朗贝克减税计划背后的智慧》（"The Brain behind the Brownback Tax Cuts"），堪萨斯州卫生研究所新闻社（Kansas Health Institute News Service），2012 年 8 月 14 日，https：//www.khi.org/news/article/brain-behind-brownback-tax-cuts。

12. 罗杰·斯塔尔（Starr,Roger），《由裘德·万尼斯基提出的世界运转方式》（*The Way the World Works,by Jude Wanniski*），发表于《评论》（*Commentary*），1978 年 9 月，https: //www.commentarymagazine.com/articles/the-way-the-world-works-by-jude-wanniski/。

13. 裘德·万尼斯基，《蒙代尔－拉弗假说——世界经济的新观点》（"The Mundell-Laffer Hypothesis—a New View of the World Economy"），发表于《公共利益》（*Public Interest*），第 39 期（1975 年）：第 31—52 页，https://www.nationalaffairs.com/storage/app/uploads /public/58e/1a4/be4/58e1a4be4e900066158619.pdf。

14. 裘德·万尼斯基，《税收、收入和"拉弗曲线"》（"Taxes, Revenues, and the 'Laffer Curve'"），发表于《公共利益》，第50期（1978页）：第3—16 页，https://www.nationalaffairs.com/storage/app/uploads/public/58e/1a4/c54/58e1a4c549207669125935.pdf。

本·奥尔林不太擅长画狗

第14章　嗨，小狗教授

非常感谢蒂姆·彭宁斯教授抽时间来分享他的时间（以及他的新闻剪报），传播埃尔维斯的故事是我的荣幸和责任。

1. 迈克尔·博尔特（Bolt, Michael），伊萨克森·丹尼尔·C.（Daniel C. Isaksen），《狗不需要微积分》（"Dogs Don't Need Calculus"），《大学数学期刊》（College Mathematics Journal）第41卷，第10期（2010年1月）：第10—16页，https：//www.maa.org/sites/default/files/Bolt2010.pdf。

2.《CNN学生新闻记录：2008年9月26日》（"CNN Student News Transcript: September 26, 2008"），http://www.cnn.com/2008/LIVING/studentnews/09/25/transcript.fri.index.html。

3. 雷奥妮·迪基（Dickey, Leonid），《狗知道变分法吗？》（"Do Dogs Know Calculus of Variations?"），《大学数学期刊》第37卷，第1期（2006年1月）：第20—23页，https：//www.maa.org/sites/default/files/Dickey-CMJ-2006.pdf。

4.《"狗知道微积分吗？"威尔士矮脚狗可能知道》（"Do Dogs Know Calculus? The Corgi Might"），全国纯种狗日网站，2016年3月15日，https://nationalpurebreddogday.com/dogs-know-calculus-corgi-knows/。

5. 罗兰·明顿（Minton, Roland），蒂莫西·J.彭宁斯（Timothy J. Pennings），《狗知道分岔理论吗？》（"Do Dogs Know Bifurcations？"），《大学数学期刊》第38卷，第5期（2007年11月）：第356—361页，https://www.maa.org/sites/default/files/pdf/upload_library/22/Polya/minton356.pdf。

6. 蒂莫西·J.彭宁斯，《狗知道微积分吗？》（"Do Dogs Know Calculus?"），《大学数学期刊》第34卷，第3期（2003年5月）：第178—182页，https://www.jstor.org/stable/3595798。

7. 皮埃尔·佩吕谢（Perruchet, Pierre），豪尔赫·加列戈（Jorge Gallego），《狗知道相关速率和优化吗？》（"Do Dogs Know Related Rates Rather Than Optimization?"），《大学数学期刊》第37卷，第1期（2006年1月）：第16—18页，https://www.maa.org/sites/default/files/pdf/mathdl/CMJ/cmj37-1-016-018.pdf。

8. 詹姆斯·瑟伯（Thurber, James），《瑟伯的狗：主人的狗，书写和绘画，真实和想象，眼前和过去的集合》（*Thurber's Dogs：A Collection of the Master's Dogs, Written and Drawn*, *Real and Imaginary, Living and Long Ago*），纽约：西蒙与舒斯特出版社（Simon & Schuster），1955年。

简介

戈特弗里德·莱布尼茨

地点：汉诺威

目标：离开汉诺威

· 我引领了一个法律改革项目，将拼凑起来的地方法律汇集成统一的体系。
· 我提议对机构进行现代化改造，包括社会经济普查、中央政府存档和对最佳耕作实践的补贴。
· 我在一个致力于调解长期不和的宗教团体的项目中担任主要调解人（不要问我进展如何）。
· 我主张由政府提供保健服务，包括采取主动预防流行病的措施。
· 我协助建立了一个科学学院，旨在"促进艺术和科学的发展，促进农业、制造业、商业的发展，一句话，任何对生活有用的东西的发展"。
· 我提出了一种颇具影响力的存在论。

第15章　我们用微积分算一算吧

1. 弗拉基米尔·阿诺德（Arnol'd, Vladimir），《惠更斯和巴罗，牛顿和胡克》（*Huygens and Barrow, Newton and Hooke*），埃里克·J. F. 普利姆罗斯（Eric J. F. Primrose）译，巴塞尔：伯克豪斯出版社（Birkhäuser Verlag），1990年。

2. 杰森·苏格拉底·巴迪，《谁是剽窃者：牛顿与莱布尼茨的微积分战争》。

3. 诺玛·B. 歌德（Goethe, Norma B.）、菲利普·比利（Philip Beeley）和大卫·拉布安（David Rabouin）主编，《莱布尼茨，数学与哲学的相互关系》（*G. W. Leibniz, Interrelations between Mathematics and Philosophy*），纽约：施普林格出版社（Springer），2015。

4. 简·格罗斯曼（Grossman, Jane）、迈克尔·格罗斯曼（Michael Grossman）和罗伯特·卡茨（Robert Katz），《第一个加权微分和积分系统》（*The First Systems of Weighted Differential and Integral Calculus*），马萨诸塞州罗科波特（Rockport, MA）：阿基米德基金会，1980年。高斯引用的是第2页。

5. Kafka, Franz. *The Trial*（中文版:《审判》，[奥] 弗兰兹·卡夫卡著，文泽尔译，天津人民出版社，2019年4月），伦敦：古典书局（Vintage），2005年，维拉（Willa）和埃德温·奥缪尔（Edwin Muir）译。

6. 斯蒂芬·沃尔夫拉姆，《拜访戈特弗里德·莱布尼茨》（"Dropping In on Gottfried Leibniz"）。

下篇　永恒

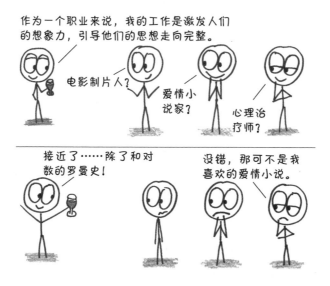

第16章　书中那些圆圆圈圈

1. 博尔赫斯,《帕斯卡圆球》("Pascal's Sphere"), 收录于《其他探讨》(Other Inquisitions, 1937—1952年), 露丝·L. C. 西姆斯(Ruth L. C. Simms)译, 奥斯汀: 得克萨斯大学出版社(University of Texas Press), 1975年。

2. 约瑟夫·W.道本(Dauben, Joseph W),《中国数学史》("Chinese Mathematics"), 收录于《埃及, 美索不达米亚, 中国, 印度和伊斯兰的数学》(*The Mathematics of Egypt, Mesopotamia, China, India, and Islam: A Sourcebook*), 由维克托·卡茨(Victor Katz)编辑, 第186—384页, 新泽西州普林斯顿: 普林斯顿大学出版社, 2007。

3. 约翰·多恩(Donne,John),《离别词: 莫伤悲》("A Valediction Forbidding Mourning"), 收录于《歌与诗》(*Songs and Sonnets*)。

4. 深川秀俊(Hidetoshi,Fukagawa)和托尼·罗斯曼(Tony Rothman),《神圣的数学: 日本庙宇几何》(*Sacred Mathematics : Japanese Temple*

Geometry），新泽西州普林斯顿：普林斯顿大学出版社，2008年。

5. 乔治·葛伟赫斯·约瑟夫（Joseph, George Gheverghese），《孔雀冠：数学的非欧洲根源》（*The Crest of the Peacock: Non-European Roots of Mathematics*）。

6. 佐藤宪一（Ken'ichi, Sato），《第2章：关孝和》（"Chapter 2: Seki Takakazu"），收录于《江户时代的日本数学》（*Japanese Mathematics in the Edo Period*），日本国立国会图书馆，2011年，http: //www.ndl.go.jp/math/e/s1/2.html。

7. 史蒂夫·斯托加茨（Strogatz, Steven），《*x*的乐趣：数学导览之旅，从一到无穷》（*The Joy of x : A Guided Tour of Math, from One to Infinity*），纽约：马里纳出版社（Mariner Books），2013年。

8. 维斯拉瓦·辛波斯卡（Szymborska, Wislawa），《π》（"Pi"），收录于《新诗集》（*Poems New and Collected*），纽约：马里纳出版社，2000年。

作家类型，根据以赛亚·柏林的分类方法

狐狸

刺猬

托尔斯泰

"思想被分散或传播，在许多层面上移动"的作家（如莎士比亚、亚里士多德）。

信奉"单一的、普遍的、有组织性的原则"的作家（如柏拉图、但丁）。

我就是一只刺猬！！为什么我要一直解释这件事？

第17章　战争与和平，还有积分学

1. 赛亚·柏林，《刺猬与狐狸》（*The Hedgehog and the Fox*），亨利·哈迪（Henry Hardy）编，新泽西州普林斯顿：普林斯顿大学出版社，2013年。原文发表于1951年。

2. 迈克尔·迪尔达（Dirda, Michael），《如果世界可以写作……》（"If the World Could Write…"），《华盛顿邮报》，2007年10月28日，http: //www.

washingtonpost.com/wp-dyn/content/article/2007/10/25/AR2007102502856.html。

3. Tolstoy, Leo. War and Peace（中文版：《战争与和平》，[俄] 列夫·托尔斯泰著，刘辽逸译，人民文学出版社，2015年4月），1869年。

本书的吉祥物海选

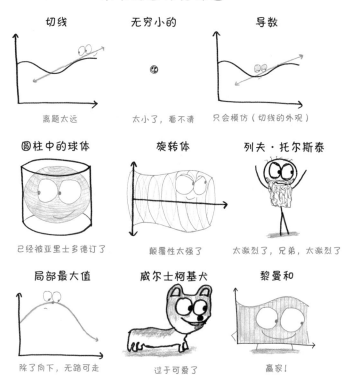

第18章　黎曼的城市天际线

1. 莫林·科里根（Corrigan, Maureen），《别打扰我，我在阅读：在书中寻找并迷失自我》（*Leave Me Alone, I'm Reading* : *Finding and Losing Myself in Books*），纽约：兰登书屋（Random House），2005年。

2. 威廉·邓纳姆，《微积分的历程：从牛顿到勒贝格》。

3. 皮特·哈米尔（Hamill, Pete），《一位纽约作家对他的城市改变的看法》（"A New York Writer's Take on How His City Has Changed"），《国家地理杂志》（*National Geographic*），2015年11月15日，https: //www.

nationalgeographic.com/new-york-city-skyline-tallest-midtown-manhattan/article.
html。

4. 克里斯托夫·林德纳（Lindner, Christoph），《纽约垂直：现代天际线的反思》（"New York Vertical : Reflections on the Modern Skyline"），《美国研究》（*American Studies*）第47卷，第1期（2006春）：第31—52页，https ://core.ac.uk/download/pdf/148648368.pdf。

5. Rand, Ayn. The Fountainhead（《源泉》，[美]安·兰德著，高晓晴、赵雅蔷和杨玉译，重庆出版社，2013年6月），纽约：新美国图书馆（New American Library），1994年。

阿涅西的女巫

第19章　一部伟大的微积分大全

1. 奥利弗·科尼尔（Knill, Oliver），《数学中的一些基本定理》（"Some Fundamental Theorems in Mathematics "），哈佛大学，http ://www.math.harvard.edu/~knill/graphgeometry/papers/fundamental.pdf。

2. 马西莫·马左蒂（Mazzotti, Massimo），《玛丽亚·加埃塔纳·阿涅西的世界，上帝的数学家》（*The World of Maria Gaetana Agnesi, Mathematician of God*），巴尔的摩：约翰霍普金斯大学出版社（Johns Hopkins University Press），2007年。

3. 华金·纳瓦罗（Navarro,Joaquin），《数学中的女性：从希帕提娅到艾米·诺特》（"Women in Maths: From Hypatia to Emmy Noether"），收录于《一切都是数学的》（*Everything Is Mathematical*），巴塞罗那：RBA

Coleccionables，2013年。

4. 珍妮弗·奥莱特（Ouellette, Jennifer），《微积分日记：数学如何帮助你减肥，在拉斯维加斯取胜，以及在僵尸启示录中生存》（*The Calculus Diaries：How Math Can Help You Lose Weight, Win in Vegas, and Survive a Zombie Apocalypse*），纽约：企鹅出版集团，2010年。

第20章　积分号下的故事就留在积分号下吧

感谢因娜·扎哈列维奇（Inna Zakharevich），我们的邮件往来十分愉悦，对本章的贡献也很大。

1. Feynman, Richard P. "*Surely You're Joking, Mr. Feynman□*"：*Adventures of a Curious Character*（中文版：《别逗了，费曼先生》，[美]理查德·P. 费曼，王祖哲译，湖南科学技术出版社，2012年9月），纽约：W. W.诺顿出版社，1985年。

2. 卡尔·C. 盖瑟（Gaither, Carl C.），阿尔玛·E.卡瓦佐斯－盖瑟（Alma E. Cavazos-Gaither）编，《盖瑟科学引用词典》（*Gaither's Dictionary of Scientific Quotations*），纽约：施普林格科学与商业传媒（Springer Science & Business Media），2008年。

3. 詹姆斯·格莱克（Gleick, James），《天才：理查德·费曼的生活与科学》（*Genius：The Life and Science of Richard Feynman*），纽约：众神殿图书（Pantheon Books），1992年。

4. 珍妮弗·奥莱特，《微积分日记：数学如何帮助你减肥，在拉斯维加斯取胜，以及在僵尸启示录中生存》。

5. 洛根·R.乌里（Ury, Logan R），《举证责任》（"Burden of Proof"），发表于《哈佛深红》（*Harvard Crimson*），2006年12月6日，https://www.thecrimson.com/article/2006/12/6/burden-of-proof-at-1002-am/。

6. 因娜·扎哈列维奇，《欧拉积分公式的另一个推导方法》（"Another Derivation of Euler's Integral Formula"），由诺姆·D. 埃尔吉斯（Noam D. Elkies）报道，哈佛大学，http://www.math.harvard.edu/~elkies/Misc/innaz.pdf。

第21章　一挥笔就放弃了存在

非常感谢保罗·拉蒙德（Paul Ramond），他是一名物理学博士生，通过Skype教我宇宙学。本章中如果还有遗留的错误，完全是我自己的问题。

1. 阿尔伯特·爱因斯坦（Einstein, Albert），《广义相对论中的宇宙学思考》（"Cosmological Considerations in the General Theory of Relativity"），由W.派力特（W. Perrett）和G. B.杰弗里（G. B. Jeffery）译，摘自《相对论原理》（The Principle of Relativity），第175—189页，纽约：多佛出版社（Dover），1952年，https://einsteinpapers.press.princeton.edu/vol6-trans/433。

2. 艾利克斯·哈维（Harvey, Alex），《宇宙常数》（"The Cosmological Constant"），纽约大学，2012年11月23日，https://arxiv.org/pdf/1211.6337.pdf。

3. 沃尔特·艾萨克森，《爱因斯坦传》。

4. 达里尔·简森（Janzen, Daryl），《爱因斯坦关于宇宙的思考》

（"Einstein's Cosmological Considerations"），萨斯喀彻温省大学（University of Saskatchewan），2014年2月13日，https://arxiv.org/pdf/1402.3212.pdf。

5. 兰德尔·门罗（Munroe, Randall），《太空博士的伟大构想》（"The Space Doctor's Big Idea"），发表于《纽约客》，2015年11月18日。

6. 汉斯·奥海宁（Ohanian, Hans），《爱因斯坦的错误：人类天才的失败》（*Einstein's Mistakes：The Human Failings of Genius*），纽约：诺顿出版社，2008年。

7. 科马克·奥赖菲尔泰（O'Raifeartaigh, Cormac）和B.麦卡恩（B. McCann），《重新审视爱因斯坦1931年的宇宙模型：一个被遗忘的宇宙模型的分析和翻译》（"Einstein's Cosmic Model of 1931 Revisited: An Analysis and Translation of a Forgotten Model of the Universe"），沃特福德理工学院（Waterford Institute of Technology），https://arxiv.org/ftp/arxiv/papers/1312/1312.2192.pdf。

8. 科马克·奥赖菲尔泰，迈克尔·奥克菲（Michael O'Keeffe）、维尔纳·纳姆（Werner Nahm）和西蒙·米顿（Simon Mitton），《爱因斯坦1917年的宇宙静态模型：百年回顾》（"Einstein's 1917 Static Model of the Universe: A Centennial Review"），https://arxiv.org/ftp/arxiv/papers/1701/1701.07261.pdf。

9. 卡罗·罗维里（Rovelli, Carlo），《七堂简短的物理课》（*Seven Brief Lessons on Physics*），纽约：河源出版社（Riverhead Books），2016年。

10. 诺贝特·施特劳曼（Straumann, Norbert），《宇宙常数问题的历史》（"The History of the Cosmological Constant Problem"），苏黎世大学理论物理研究所（Theoretical Physics, University of Zurich），2001年8月13日，https://arxiv.org/pdf/gr-qc/0208027.pdf。

第22章 1994年：微积分诞生的那一年

1. 伊莎贝拉·拉巴（Łaba, Izabella），《车轮改造的数学》（"The Mathematics of Wheel Reinvention"），《偶然的数学家》（*The Accidental Mathematician*），2016年1月18日，https://ilaba.wordpress.com/2016/01/18/the-mathematics-of-wheel-reinvention/。

2.《信件》（"Letters"），《糖尿病护理》（Diabetes Care）17，10（1994年10月）：第1223—1227页。所引用信件的作者包括拉尔夫·本德（Ralf Bender）、托马斯·沃利弗（Thomas Wolever）、简·摩纳哥（Jane Monaco）、兰迪·安德森（Randy Anderson）和玛丽·泰（Mary Tai）。

3.《医学研究者发现积分，被引用75次》（"Medical Researcher Discovers Integration, Gets 75 Citations"），《在英国学习物理的美国学生》（*An American Physics Student in England*），2007年3月19日，https://fliptomato.wordpress.com/2007/03/19/medical-researcher-discovers-integration-gets-75-citations/。

4. 马蒂厄·奥赛德杰夫（Ossendrijver, Mathieu），《古巴比伦天文学家通过时间 – 速度曲线下的面积计算出木星的位置》（"Ancient Babylonian Astronomers Calculated Jupiter's Position from the Area under a Time-Velocity Graph"），《科学》351，6272（2016年1月29日）：第482—484页。

5. 玛丽·泰，《测定葡萄糖耐量和其他代谢曲线下总面积的数学模型》（"A Mathematical Model for the Determination of Total Area under Glucose Tolerance and Other Metabolic Curves"），发表于《糖尿病护理》17，2（1994年2月）：第152—154页。

6. 劳埃德·N.特费森（Trefethen, Lloyd N.），《数值分析》（"Numerical Analysis"），收录于《普林斯顿数学指南》（*Princeton Companion to Mathematics*），由蒂莫西·高尔（Timothy Gowers）、琼·巴罗-格林（June Barrow-Green）、伊姆雷·利德（Imre Leader）编辑，纽约普林斯顿：普林斯顿大学出版社，2008年，http://people.maths.ox.ac.uk/trefethen/NAessay.pdf。

7. 托马斯·沃利弗（Wolever, Thomas），《血糖反应的预测有多重要？》（"How Important Is Prediction of Glycemic Responses?"），发表于《糖尿病护理》12，8（1989年9月）：第591—593页。

第23章　假如一定会有痛苦

1. 杰里米·边沁（Bentham, Jeremy），《道德与立法原则导论》（*An Introduction to the Principles of Morals and Legislation*），由乔纳森·本内特（Jonathan Bennett）改编，https://www.earlymoderntexts.com/assets/pdfs/bentham1780.pdf。

2. 雷·布拉德伯里（Bradbury, Ray），《布拉德伯里说：离洞穴太近，离星星太远》（*Bradbury Speaks : Too Soon From the Cave, Too Far from the Stars*），纽约：威廉莫罗出版社（William Morrow），2006。

3. 艾米莉·迪金森（Dickinson, Emily），《跳出烦恼》（"Bound—a Trouble"）（第269首），https://en.wikisource.org/wiki /Bound_—_a_trouble_—。

4. 罗伯特·弗罗斯特（Frost, Robert），《欢乐唯以高度来弥补其长度上的缺失》（"Happiness Makes Up in Height for What It Lacks in Length"），收录于《罗伯特·弗罗斯特诗歌：完整和未删节诗集》（*The Poetry of Robert Frost：The Collected Poems, Complete and Unabridged*），纽约：亨利·霍尔特公司（Henry Holt and Co.），1999年。

5. 威廉·斯坦利·杰文斯（Jevons, William Stanley），《政治经济学的一般数学理论概论》（"Brief Account of a General Mathematical Theory of Political Economy"），发表于《伦敦皇家统计学会杂志》（*Journal of the Royal Statistical Society, London*），XXIX（1866年6月）：第282—287页，https：//www.marxists.org/reference/subject/economics/jevons/mathem.htm。

6. 丹尼尔·卡内曼（Kahneman, Daniel）、芭芭拉·L.弗雷德里克松（Barbara L. Fredrickson），查尔斯·A.施莱博（Charles A. Schreiber）和唐纳德·A.雷德迈（Donald A. Redelmeier），《当更多的痛苦比更少的痛苦更受欢迎：增加一个更好的结局》（"When More Pain Is Preferred to Less: Adding a Better End"），《心理科学》（*Psychological Science*）4，6（1993年11月）：第401—405页。

7. 约翰·斯图尔特·密尔（Mill, John Stuart），《实用主义》（*Utilitarianism*），乔治·谢尔（George Sher）编，印第安纳波利斯：哈科特出版公司（Hackett Publishing Co.），2002年，第10页。

8. 彼得·辛格（Singer, Peter），《动物解放：升级版》（*Animal Liberation：Updated Edition*），纽约：Harper Perennial，2009年。

第24章　与众神作战

1. 凯文·布朗（Brown, Kevin），《球体和圆柱体上的阿基米德》（"Archimedes on Spheres and Cylinders"），发表于 Math Pages 网站，https：//www.mathpages.com/home/kmath343/kmath343.htm。

2. 戈特弗里德·威廉·弗雷尔·莱布尼茨（Leibniz, Gottfried Wilhelm Freiherr）和安托万·阿尔诺（Antoine Arnauld），《莱布尼茨与阿尔诺书信集》（ *The Leibniz-Arnauld Correspondence* ），康涅狄格州纽黑文：耶鲁大学出版社（Yale University Press），2016年。

3. 保罗·洛克哈特（Lockhart, Paul），《测量》（ *Measurement* ），马萨诸塞州剑桥：贝尔纳普出版社（Belknap Press），2012。

4. Plutarch. *Lives of the Nobel Greeks and Romans* （中文版：《诺贝尔希腊人和罗马人的生活》，[希腊]普鲁塔克著，席代岳译，安徽人民出版社，2012年8月），http：//www.fulltextarchive.com/page/Plutarch-s-Lives10/#p35。

5. 布尔卡德·波尔斯特（Polster, Burkard），《Q.E.D.：数学证明中的美》（ *Q.E.D.：Beauty in Mathematical Proof* ），纽约：布鲁姆斯伯里出版社，2004年。

6. 波利比乌斯（Polybius），《世界史》（ *Universal History*，第8卷），摘自《罗马帝国的崛起》（ *The Rise of the Roman Empire* ），伊恩·斯科特-吉尔维特（Ian Scott-Kilvert）译，纽约：企鹅出版集团，1979年，https://www.math.nyu.edu/~crorres/Archimedes/Siege/Polybius.html。

7. 克里斯·洛雷斯（Rorres, Chris），《阿基米德之死：资料来源》（ *Death of Archimedes: Sources* ），纽约大学，https://www.math.nyu.edu/~crorres/Archimedes/Death/Histories.html。

8. 迈克尔·沙拉特（Sharratt, Michael），《伽利略：果断的创新者》（ *Galileo：Decisive Innovator* ），英国剑桥：剑桥大学出版社，1994年，第52页。

9. 阿尔弗雷德·诺斯·怀特海德（Whitehead, Alfred North），《数学导

论》(*An Introduction to Mathematics*)，纽约：亨利霍尔特公司（Henry Holt and Company），1911年。

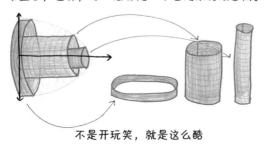

有趣的事实：你可以把旋转体看成洋葱，而不是一堆盘子，这样，每一层都是一个卷起来的纸圆筒。

不是开玩笑，就是这么酷

第25章 从看不见的球体说起

感谢我的推特好友本·布鲁姆·史密斯（Ben Blum-Smith, @benblumsmith）和迈克·劳勒（Mike Lawler, @mikeandallie）帮我解决了四维球体的体积问题。

1. Abbott, Edwin. *Flatland：A Romance of Many Dimensions*（中文版：《平面国：多维空间传奇往事》，[英]埃文德·艾伯特著，鲁冬旭译，上海文化出版社，2020年8月），1884年。

2. Strogatz, Steven. *The Calculus of Friendship：What a Teacher and a Student Learned about Life while Corresponding about Math*（中文版：《心里有数的人生》，[美]史蒂夫·斯托加茨著，李晓东译，万卷出版公司，2010年8月），纽约：普林斯顿大学出版社，2009年。

大卫·福斯特·华莱士说……

关于莱布尼茨："他是一个律师、外交官、奉承者、哲学家，对他来说，数学就像是业余爱好。"一个脚注补充道："我们当然都讨厌这样的人。"

"无论何时何地，当涉及 ∞ 时，亚里士多德都成功地犯下了某种巨大而惊人的错误。"

关于真实的数轴："99.999…% 都是空的，就像DQ冰激凌或者宇宙本身一样。"

关于使用微积分来"解决"芝诺的悖论："复杂，形式上露骨，技术上正确，而且极其琐碎。"

关于牛顿和莱布尼茨的先后之争："独占或甚至多占成果的想法是荒谬的，正如现在声称微积分包含任何一项发明的想法一样。"

关于逻辑基础不明确的数学："股市泡沫，"他还说，"这样的数学是，试图一边奔跑一边系鞋带。"

关于格奥尔格·康托尔："一个完全普通长相的中产阶级德国人，来自上浆翻领和有火灾隐患的胡子的时代。"

关于卡尔·魏尔施特拉斯："在数学家中，他身材魁伟，有运动天赋，在大学里爱好聚会，对音乐不感兴趣（大多数数学家都是音乐的狂热爱好者），性格开朗，不神经质，爱交际，而且非常受人喜爱。"他也被普遍认为是本世纪最伟大的数学老师，尽管他从来没有发表过他的演讲稿，甚至也没有让他的学生做笔记。

第26章　高耸入云的抽象果仁

1. 弗拉基米尔·阿诺德（Arnold, Vladimir），《关于数学的教学》（"On Teaching Mathematics"），A. V. 戈留诺夫（A. V. Goryunov）译，《俄罗斯数学调查》（*Russian Mathematical Surveys*）第53卷，第1期（1998年）：第229—236页。

2. Cheng, Eugenia. *Beyond Infinity : An Expedition to the Outer Limits of Mathematics*（中文版：《超越无限大：一次跨越数学边界的冒险之旅》，[英]郑乐隽著，杜鹃译，中信出版社，2018年5月），纽约：基础图书，2017年。

3. 乔丹·艾伦伯格，《魔鬼数学：大数据时代，数学思维的力量》。

4. 角谷美智子（Kakutani, Michiko），《一个死于欢笑的国家，在1079

页》（"A Country Dying of Laughter. In 1, 079 Pages"），发表于《纽约时报》，1996 年 2 月 13 日，https: //www.nytimes.com/1996/02/13/books/books-of-the-times-acountry-dying-of-laughter-in-1079-pages.html。

5. 丹尼尔・T.麦克斯（Max, Daniel T），《每个爱情故事都是一个鬼故事：大卫・福斯特・华莱士的一生》（*Every Love Story is a Ghost Story: A Life of David Foster Wallace*），纽约：维京出版社（Viking），2012年。

6. 基莱・麦卡锡（McCarthy, Kyle），《无穷的证明：数学对大卫・福斯特・华莱士的影响》（"Infinite Proofs: The Effects of Mathematics on David Foster Wallace"），发表于《洛杉矶书评》，2012 年11 月25 日，https: //lareviewofbooks.org/article/infinite-proofs-the-effects-of-mathematics-on-david-foster-wallace/。

7. 大卫・帕皮诺（Papineau, David），《多一个人的空间》（"Room for One More"），发表于《纽约时报》，2003年11月16日，http : //www.nytimes.com/2003/11/16/books/room-for-one-more.html。

8. A. O.斯科特（Scott, A. O.），《他那一代最聪明的人》（"The Best Mind of His Generation"），发表于《纽约时报》，2008年9月20日，https: //www.nytimes.com/2008/09/21/weekinreview/21scott.html。

9. 大卫・福斯特・华莱士（Wallace, David Foster），《网球，三角函数，龙卷风：中西部的少年时代》（"Tennis, Trigonometry, Tornadoes: A Midwestern Boyhood"），发表于《哈泼斯杂志》（*Harper's Magazine*），1991年12月。

10. 大卫・福斯特・华莱士，《无尽的玩笑》（*Infinite Jest*），纽约：利特尔，布朗出版社（Little, Brown），1996年。

11. 大卫・福斯特・华莱士，《修辞学和数学情景剧》（"Rhetoric and the Math Melodrama"），《科学》（*Science*）第290卷，5500（2000年12月22日）：第2263—2267页。

12. Wallace, David Foster, *Everything and More : A Compact History of Infinity*（中文版：《穿过一条街道的方法：无穷大简史》，[美]大卫・福斯

特·华莱士著，胡凯衡译，广东人民出版社，2021年11月），纽约：W. W. 诺顿出版社，2003年。

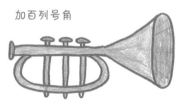

加百列号角

（没有照片，但可以用谷歌搜索：加百列的婚礼蛋糕；加百列
的漏斗；加百列的啤酒瓶；加百列的熔岩灯；托尔的铁砧）

第27章 加百列，吹响你的小号吧

1. Alexander, Amir. *Infinitesimal : How a Dangerous Mathematical Theory Shaped the Modern World*（中文版：《无穷小：一个危险的数学理论如何塑造了现代世界》，[美]阿米尔·亚历山大著，凌波译，化学工业出版社。2019年5月），纽约：法勒、施特劳斯和吉鲁出版社（Farrar, Straus and Giroux），2004年。

2. 德拉戈留布·丘契奇（Cucic, Dragoljub），《物理悖论的类型》（"Types of Paradox in Physics"），Mihajlo Pupin 区域人才中心（Regional Centre for Talents Mihajlo Pupin），https://arxiv.org/ftp/arxiv/papers/0912/0912.1864.pdf。

3. 罗伯特·M.盖斯纳（Gethner, Robert M.），《你会画一罐油漆吗？》（"Can You Paint a Can of Paint?"），《大学数学期刊》第36卷，第4期（2005年11月）：第400—402页。

4. Hofstadter, Douglas. Gödel, *Escher, Bach : An Eternal Golden Braid*（中文版：《哥德尔、艾舍尔、巴赫书：集异璧之大成》，[美]侯世达著，严勇、刘皓明和莫大伟译，商务印书馆，2019年9月），纽约：纽约：基础图书，1979年。

5. 温迪·史密斯（Smith, Wendy）和玛丽安·刘易斯（Marianne Lewis），《管理悖论的领导技巧》（"Leadership Skills for Managing Paradoxes"），《工业

与组织心理学》(*Industrial and Organizational Psychology*) 第5卷，第2期（2012年6月）。

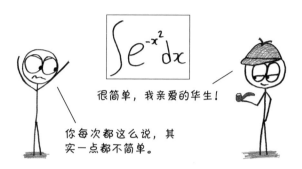

第28章　不可能的场景

感谢塔琳·弗洛克（Taryn Flock）帮我证明高斯积分。

1. Chiang, *Ted. Stories of Your Life and Others*（中文版：《你一生的故事，[美]特德·姜著，李克勤、王荣生和Bruceyew译，译林出版社，2015年5月），纽约：汤姆·多尔蒂出版社（Tom Doherty Associates),2002年。

2. 菲利普B.欧利华（Oliva, Philip B.），《抗氧化剂和干细胞治疗冠心病》（*Antioxidants and Stem Cells for Coronary Heart Disease*），第534页，新加坡：世界科学出版社（World Scientific Publishing），2014年。

致谢

用魔法将我那一堆不确定的微小想法变成了一本坚实而奇妙的书的骑士们：

感谢我的当代骑士们，是他们促成了这本书的诞生：贝奇·戈（Becky Koh）的编辑智慧；贝琪·赫尔斯博施（Betsy Hulsebosch）和卡拉·桑顿（Kara Thornton）的营销和宣传专业知识；保罗·开普（Paul Kepple）、亚历克斯·布鲁斯（Alex Bruce）和凯蒂·贝内兹拉（Katie Benezra）的设计才华；梅勒妮·戈尔德（Melanie Gold）和伊丽莎白·约翰逊（Elizabeth Johnson）坚定的眼神；瑞琳·特里特（Rayleen Tritt）的摄影技术；整个 Black Dog & Leventhal 团队源源不竭的才智；以及达多·德尔维斯卡迪奇（Dado Derviskadic）和史蒂夫·特罗哈（Steve Troha）可靠的指导，没有他们，这本书就不可能存在。

感谢阿涅西们的指导，让我从无知中走出来：

在这本书的初稿写作瓶颈期，是大卫·克伦普（David Klumpp）将我从废墟中拉了出来，为我掸去灰尘，并帮助我构建了一个更好的计划。我对他的帮助表示无限的感谢。此外，还要特别感谢那些在不同阶段给予了重要反馈的人：维克托·布拉斯卓（Viktor Blåsjö）、理查德·布瑞吉（Richard Bridges）、凯伦·卡尔森（Karen Carlson）、约翰·考恩（John Cowan）、大卫·利特（David Litt）、道格·马高恩（Doug Magowan）、吉姆·奥尔林（Jim Orlin）、吉姆·普罗普（Jim Propp）和凯蒂·沃德曼（Katy Waldman）。书中剩下的所有错误都是我自己的问题。

吐温们和托尔斯泰们的故事滋养了这本书：

感谢与我分享故事的数学家们，包括蒂姆·彭宁斯（第14章）和因娜·扎哈列维奇（第20章）。至于安迪·贝诺夫（Andy Bernoff）、凯·科尔姆（Kay Kelm）、乔纳森·鲁宾（Jonathan Rubin）和史黛西·缪尔（Stacey Muir），我要向他们表示感谢和道歉。他们分享了一个叫作"积分的蜜蜂"（the Integration Bee）的奇妙故事，但我的写作技巧还不够娴熟，不能把这个故事写得很好。不过，我保证会在其他地方分享关于蜜蜂的传说（这是贝诺夫的创意）。它值得被讲出来。

我义无反顾地爱着的高斯积分们：

感谢我的同事，我的学生，我的老师，我的朋友，我的家人，我的死对头，我的推特英雄，布兰福德的居民，评论我博客的人，我的咖啡师，最重要的是，我要向塔琳表示衷心的感谢。